高次導関数と平均値の定理・その応用

田中 久四郎 著

「d-book」シリーズ

http：//euclid.d-book.co.jp/

電気書院

目 次

1 高次導関数の計算

1·1 高次導関数とその意義 …… 1
1·2 基本関数の高次導関数 …… 3
1·3 集合関数の逐次微分法 …… 5
(1) 関数の和（差）の逐次微分法 …… 5
(2) 関数の積（商）の逐次微分法 …… 6
1·4 高次導関数の応用 …… 7

2 平均値の定理とその応用

2·1 ロールの定理 …… 10
2·2 平均値の定理 …… 12
2·3 コーシの平均値の定理 …… 14
2·4 平均値の定理の応用 …… 16
2·5 テイラーの定理（第 n 次平均値定理）と関数の展開 …… 17
2·6 ロピタルの定理の拡張と応用 …… 24

3 高次導関数とその応用の要点

【1】逐次微分法と高次導関数 …… 31
【2】主要基本関数の高次導関数 …… 31
【3】集合関数の逐次微分 …… 31

4 平均値の定理とその応用の要点

【1】ロールの定理 …… 33
【2】ラグランジュの平均値の定理 …… 33
【3】コーシの平均値の定理 …… 33
【4】ロピタルの定理 …… 33
【5】平均値の定理の応用 …… 34
【6】テイラーの定理 …… 34
【7】関数の級数展開と近似値 …… 34

5 高次導関数の演習問題 36

6 平均値の定理の演習問題 38

1　高次導関数の計算

1・1　高次導関数とその意義

高次導関数　　高次導関数とは

第2次導関数　「$f(x)$ の導関数 $f'(x)$ は一般に x の関数であるから，$f'(x)$ がまた微分可能なら，さらに $f'(x)$ の導関数を求めることができる．これを $f(x)$ の第2次導関数といい，記号 $f''(x)$ であらわす．すなわち

$$f''(x) = \frac{d^2 y}{dx^2} = \lim_{\Delta x \to 0} \frac{f'(x+\Delta x) - f'(x)}{\Delta x}$$

と書く．このようにして $f(x)$ を n 回微分した微係数を

$$f^{(n)}(x) = \frac{d^n y}{dx^n} \qquad (1 \cdot 1)$$

と書き，この $f^{(n)}(x)$ を $f(x)$ の第 n 次の導関数という」

例えば，前にもあげたように落下する物体が t 秒後に達する距離 $s=(1/2)gt^2$ であり，この導関数 ds/dt は速度 $v=gt$ をあらわし，第2次導関数 d^2s/dt^2 は重力加速度 $\alpha = g$ をあらわす．

さて，今少し，$d^n y/dx^n$ の意義を考えてみよう．

変数 x の関数 $y=f(x)$ の導関数 $y'=f'(x)=\lim_{\Delta x \to 0} \frac{\Delta y}{\Delta x} = \frac{dy}{dx}$ の dx，dy を変数 x，関数 y の微分 $dx \fallingdotseq \Delta x$　$dy \fallingdotseq \Delta y$ と考えると，第2次導関数は商の微分法を用いて

$$y'' = f''(x) = \frac{d}{dx}\left(\frac{dy}{dx}\right) \frac{\dfrac{d(dy)}{dx} \cdot dx - \dfrac{d(dx)}{dx} \cdot dy}{(dx)^2}$$

となる．ところで変数 x の微分 $dx \fallingdotseq \Delta x$ を図1・1のように一定区画にとると定数となる．ただし，これに応ずる y の微分は dy, dy', dy'' ……のように異なった値になる．したがって，定数 dx の微分は 0 となり

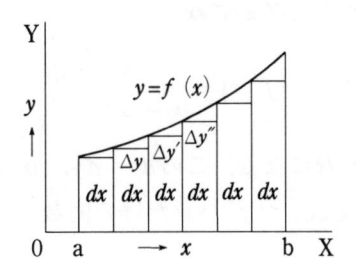

図1・1　微分 dx と dy の関係

$-1-$

1 高次導関数の計算

$d(dx)/dx = 0$，故に上記の y'' は，

$$y'' = f''(x) = \frac{d(dy)}{(dx)^2} = \frac{d^2 y}{dx^2}$$

ただし $d(dy)$ を d^2y，$(dx)^2$ を dx^2 と記した．

第3次導関数
第n次導関数
この $f''(x)$ の微分が可能であるとき，それを微分した導関数を第3次導関数といい，記号 $f'''(x)$ であらわす．同様につづけて第 n 次導関数 $f^{(n)}(x) = d^n y/dx^n$ が求められる．ということは，d/dx は y を x について1回微分する操作と考え，dy/dx はこの操作を y に1回行ったものとし，微分をくり返し n 回行ったものが $d^n y/dx^n = f^{(n)}(x)$ になる．$n = 0$ では d/dx を施さない y それ自身を示すものと考える．また，$(n+1)$ 次導関数は第 n 次導関数の微係数をあらわす．

逐次微分法
高次微係数
このように遂次に導関数を求めることを逐次微分法（Successive differentiation）といい，このようにして求められた導関数を総称して高次導関数（Derivative of high order）とも高次微係数（Defferential of high order）ともいい，これを，例えば第3次導関数を y'''，$f'''(x)$，$D_x^3 y$，$d^3 y/dx^3$，または第 n 次導関数を $y^{(n)}$，$f^{(n)}(x)$，$D_x^n y$，$d^n y/dx^n$ というように記する．なお，既述したところからも明らかなように，$f'(x)$ は $f(x)$，$f''(x)$ は $f'(x)$，…，$f^{(n)}(x)$ は $f^{(n-1)}(x)$ のそれぞれ変化率をあらわすものといえる．これは極値の決定のところにも出てくるが，高次導関数の重要な性質である．

（注）：$\dfrac{d^n f(x)}{dx^n}$ も $\dfrac{d^n}{dx^n} f(x)$ も $\dfrac{d^n y}{dx^n}$ と等しく第 n 次導関数を示すが，$\left(\dfrac{dy}{dx}\right)^n$ は

$f'(x) = \dfrac{dy}{dx}$ の n 乗をあらわす．

n次微係数
また，$x = c$ における第 n 次導関数（第 n 階導関数）を $x = c$ における n 次微係数（n 階微係数）といい，これを $y_{x=c}^{(n)}$，$f^{(n)}(c)$，$(D_x^n y)_{x=c}$，$\left(\dfrac{d^n y}{dx^n}\right)_{x=c}$ などと書く．この $n = 1$ の dy/dx は，変数 x および関数 y の微分 dx，dy の商，いわゆる微分商と考えられ，dy/dx と dx/dy は逆算関係にあるが，$n \geq 2$ になると，単に2次とか n 次の微係数を示す記号になって微分商の意味はなく，例えば，$d^2 y/dx^2$ と $dx^2/d^2 y$ とは互いに逆算でないことに注意を要する．

また，あらゆる関数が常に高次導関数を有するとはかぎらない．さらに，曲線上のある点では高次導関数を有するが，他の点では存在しないこともある．なお，曲線上のある点で高次導関数 $f^{(n+1)}(x)$ が存在するためには，この点をふくむ変域 (a, b) 内のあらゆる点で1次低い導関数 $f^{(n)}(x)$ が必ず存在していなければならない．

高次導関数
以上で高次導関数とはどういうものかという意義を理解されたことと思うが，なお，高次微分の概念からさらに考えてみよう．

$$y = f(x) \text{ の導関数 } y' = f'(x) = \lim_{\Delta x \to 0} \frac{\Delta y}{\Delta x} = \frac{dy}{dx}$$

とすると $dy = f'(x) dx = y' dx$ になる．この $dy \fallingdotseq \Delta y$，$dx \fallingdotseq \Delta x$ と考え，図1・1のように dx を定数とすると，dy は変数 $y' = f'(x)$ だけの関数になる．そこで，この新しい関数 $dy = y' dx$ の微係数を求め

$$\frac{d}{dx}(dy) = \frac{d^2y}{dx} = \frac{d}{dx}y'dx = \frac{df'(x)}{dx}dx = f''(x)dx$$

$$\therefore \quad d^2y = f''(x)(dx)^2 = y''dx^2$$

ただし，この場合の dx は $dy = y'dx$ の dx に等しいとする．また，$dx\,2$ は $x\,2$ の微分でなく $(dx)\,2$ をあらわすものとする．
となり，この d^2y を関数 y の2次微分という，以下，同様にして

$$n\text{次微分は} \quad d^n y = f^{(n)}(x)(dx)^n = y^{(n)}dx^n$$

故に n 次の微係数 $y^{(n)} = \dfrac{d^n y}{dx^n}$ ということになる．

1・2　基本関数の高次導関数

ここでは高次導関数の実例として主なる基本関数について求めてみる．

〔例題1〕$y = x^n$ の n 次微係数を求めよ．
[解答]

$$\frac{dy}{dx} = \frac{d}{dx}x^n = nx^{n-1}, \quad \frac{d^2y}{dx^2} = \frac{d}{dx}nx^{n-1} = n(n-1)x^{n-2}, \quad \cdots\cdots,$$

$$\frac{d^k y}{dx^k} = n(n-1)(n-2)\cdots(n-k+1)x^{n-k}, \quad \cdots\cdots$$

$$\therefore \quad \frac{d^n y}{dx^n} = n(n-1)(n-2)\cdots(n-k+1)\cdots 2\cdot 1 = n! \tag{1・2}$$

となるので，n が整数であると $y^{(n)} = n!$ になり，$y^{(n+1)} = 0$ になる．

〔例題2〕$y = \sin x$ の n 次微係数を求めよ．
[解答]

$$\frac{dy}{dx} = \frac{d}{dx}\sin x = \cos x = \sin\left(x + \frac{\pi}{2}\right)$$

$$\frac{d^2y}{dx^2} = \frac{d}{dx}\sin\left(x + \frac{\pi}{2}\right) = \cos\left(x + \frac{\pi}{2}\right) = \sin\left(x + \frac{2\pi}{2}\right), \quad \cdots\cdots,$$

$$\therefore \frac{d^n y}{dx^n} = \sin\left(x + \frac{n\pi}{2}\right) \tag{1・3}$$

〔例題3〕$y = \sin^2 x$ の n 次微係数を求めよ．
[解答] このままの形では何回も微分するのに都合が悪いので，三角学の公式を用いて

$$y = \sin^2 x = \frac{1}{2}(1 - \cos 2x) = \frac{1}{2} - \frac{1}{2}\cos 2x$$

右辺の第1項は第1回の微分で消去り

1 高次導関数の計算

$$\frac{dy}{dx} = \frac{1}{2}\frac{d\cos 2x}{d(2x)} \cdot \frac{d(2x)}{dx} = \sin 2x$$

$$\frac{d^2 y}{dx^2} = \frac{d\sin 2x}{d(2x)} \cdot \frac{d(2x)}{dx} = 2\cos 2x = 2\sin\left(2x + \frac{\pi}{2}\right), \quad \cdots\cdots,$$

$$\therefore \quad \frac{d^n y}{dx^n} = 2^{(n-1)}\sin\left\{2x + \frac{(n-1)\pi}{2}\right\} \tag{1·4}$$

〔例題4〕 $y = a^x$ の n 次微係数を求めよ．

〔解答〕

$$\frac{dy}{dx} = \frac{d}{dx}a^x = a^x \log a$$

$$\frac{d^2 y}{dx^2} = \frac{d}{dx}a^x \log a = \log a \frac{d}{dx}a^x = a^x (\log a)^2, \quad \cdots\cdots,$$

$$\therefore \quad \frac{d^n y}{dx^n} = a^x (\log a)^n \tag{1·5}$$

ただし，$y = \varepsilon^x$ では $\frac{d^n y}{dx^n} = \varepsilon^x$ となり，$y = \varepsilon^x$ はいくら微分しても元の形のままであり，$y = \varepsilon^{ax}$ では，$\frac{d^n y}{dx^n} = a^n \varepsilon^{ax}$ となる．

〔例題5〕 $y = x\varepsilon^x$ の n 次微係数を求めよ．

〔解答〕

$$\frac{dy}{dx} = \frac{d}{dx}x\varepsilon^x = \varepsilon^x \frac{dx}{dx} + x\frac{d\varepsilon^x}{dx} = (1+x)\varepsilon^x$$

$$\frac{d^2 y}{dx^2} = \frac{d}{dx}(1+x)\varepsilon^x = \varepsilon^x \frac{d(1+x)}{dx} + (1+x)\frac{d\varepsilon^x}{dx} = (2+x)\varepsilon^x$$

$$\frac{d^3 y}{dx^3} = \frac{d}{dx}(2+x)\varepsilon^x = \varepsilon^x \frac{d(2+x)}{dx} + (2+x)\frac{d\varepsilon^x}{dx} = (3+x)\varepsilon^x \quad \cdots\cdots$$

$$\therefore \quad \frac{d^n y}{dx^n} = (n+x)\varepsilon^x \tag{1·6}$$

〔例題6〕 $y = \log x$ の n 次微係数を求めよ．

〔解答〕

$$\frac{dy}{dx} = \frac{d}{dx}\log x = \frac{1}{x}$$

$$\frac{d^2 y}{dx^2} = \frac{d}{dx}\frac{1}{x} = -\frac{1}{x^2}$$

$$\frac{d^3 y}{dx^3} = -\frac{d}{dx}\left(-\frac{1}{x^2}\right) = \frac{1 \cdot 2}{x^3}$$

$$\therefore \quad \frac{d^n y}{dx^n} = -\frac{(-1)^{n-1}(n-1)!}{x^n} \tag{1·7}$$

1・3 集合関数の逐次微分法

ある与えられた関数を，その変数のべき級数に展開する．例えば，

$$\varepsilon^x = 1 + \frac{x}{1!} + \frac{x^2}{2!} + \cdots\cdots + \frac{x^n}{n!} + \cdots\cdots$$

関数の展開

のようにすることを関数の展開と称し，後述するように，電気工学上に広く応用されている．この関数の展開は，理論的にはテーラやマクローリンの定理によって容易に行われるように見うけられるが，実際に計算してみると相当な困難を伴う——もっとも級数に展開できない関数もあるが——．例えば，与えられた関数の形によってはn次微係数を求めることが困難である．このような場合には，次に述べる"集合関数の逐次微分法"（著者の仮称）を用いると便利である．

逐次微分法

(1) 関数の和（差）の逐次微分法

関数の和（差）の微分は既述したように $\frac{d}{dx}(u \pm v \pm w \pm \cdots) = u' \pm v' \pm w' \pm \cdots\cdots$ と各関数の微分したものの和（差）をとればよい．これは何回微分しても同様だから

$$\frac{d^n}{dx^n}(u \pm v \pm w \pm \cdots\cdots) = \frac{d^n u}{dx^n} \pm \frac{d^n v}{dx^n} \pm \frac{d^n w}{dx^n} \pm \cdots\cdots \tag{1・8}$$

ということになる．したがって，

「いくつかの関数の和（差）のn次微係数は，それぞれの関数についてn次微係数を求めて，その和または差をとる」

例えば $y = \frac{x}{(x-a)(x-b)}$ のn次微係数を求めるのに， $y = \frac{A}{x-a} + \frac{B}{x-b}$ とおいて通分すると， $y = \frac{(A+B)x - (bA+aB)}{(x-a)(x-b)}$ となり，これが原式と等しいためには $A + B = 1$, $bA + aB = 0$，この前式より $B = 1 - A$ を後式に代入して $A = \frac{a}{a-b}$, $B = \frac{-b}{a-b}$ と A, B が定められるので，

$$\frac{d^n y}{dx^n} = \frac{d^n}{dx^n}\left(\frac{A}{x-a}\right) + \frac{d^n}{dx^n}\left(\frac{B}{x-b}\right)$$

このそれぞれについて，n次微係数を求めると

$$\frac{d}{dx}\left(\frac{A}{x-a}\right) = A\frac{-1}{(x-a)^2}$$

$$\frac{d^2}{dx^2}\left(\frac{A}{x-a}\right) = A\frac{1\cdot 2(x-a)}{(x-a)^4} = A\frac{1\cdot 2}{(x-a)^3}$$

$$\frac{d^3}{dx^3}\left(\frac{A}{x-a}\right) = A\frac{-1\cdot 2\cdot 3(x-a)^2}{(x-a)^6} = A\frac{-1\cdot 2\cdot 3}{(x-a)^4}, \quad \cdots\cdots$$

$$\frac{d^n}{dx^n}\left(\frac{A}{x-a}\right) = A\frac{(-1)^n n!}{(x-a)^{n+1}}$$

第2項も同じ形だから $\dfrac{d^n}{dx^n}\left(\dfrac{B}{x-b}\right)=B\dfrac{(-1)^n n!}{(x-b)^{n+1}}$

$$\therefore\ \dfrac{d^n y}{dx^n}=\dfrac{(-1)^n n!}{a-b}\left\{\dfrac{a}{(x-a)^{n+1}}-\dfrac{b}{(x-b)^{n+1}}\right\}$$

というように求められる．

(2) 関数の積（商）の逐次微分法

二つの関数の積からなる集合関数 $y=uv$，ただし，$u=f(x)$，$v=g(x)$ を関数の積の微分法を用いて逐次に微分してみよう．

$$\dfrac{d}{dx}(uv)=\dfrac{du}{dx}v+u\dfrac{dv}{dx}$$

$$\dfrac{d^2}{dx^2}(uv)=\dfrac{d}{dx}\left(\dfrac{du}{dx}v\right)+\dfrac{d}{dx}\left(u\dfrac{dv}{dx}\right)$$
$$=\dfrac{d^2 u}{dx^2}v+\dfrac{du}{dx}\cdot\dfrac{dv}{dx}+\dfrac{du}{dx}\dfrac{dv}{dx}+u\dfrac{d^2 v}{dx^2}$$
$$=\dfrac{d^2 u}{dx^2}v+2\dfrac{du}{dx}\cdot\dfrac{dv}{dx}+u\dfrac{d^2 v}{dx^2}$$

同様にして

$$\dfrac{d^3}{dx^3}(uv)=\dfrac{d^3 u}{dx^3}v+3\dfrac{d^2 u}{dx^2}\dfrac{dv}{dx}+3\dfrac{du}{dx}\dfrac{d^2 v}{dx^2}+u\dfrac{d^3 v}{dx^3}$$

というようになる．いま，$u=u^{(0)}$，$v=v^{(0)}$ とおき，$\dfrac{d^p u}{dx^p}\dfrac{d^q v}{dx^q}=u^{(p)}v^{(q)}$ のように書くと，

$$\dfrac{d}{dx}\left(\dfrac{d^p u}{dx^p}\dfrac{d^q v}{dx^q}\right)=\dfrac{d^{p+1} u}{dx^{p+1}}\dfrac{d^q v}{dx^q}+\dfrac{d^p u}{dx^p}\dfrac{d^{q+1} v}{dx^{q+1}}$$
$$=u^{(p+1)}v^{(q)}+u^{(p)}v^{(q+1)}$$

となり，これは $u^p v^q\times(u+v)=u^{p+1}v^q+u^p v^{q+1}$ と同一形式になるから，上記の逐次微分 $\dfrac{d^n}{dx^n}(uv)$ は $u^{(0)}v^{(0)}$ に $(u+v)$ を逐次にかけ，$u^{(0)}v^{(0)}\times(n+v)^n$ としたのと形式的に全く一致する．この $(u+v)^n$ は，次章に説明する二項定理から

$$(u+v)^n=u^n+nu^{n-1}v+\dfrac{n(n-1)}{1\cdot 2}u^{n-2}v^2+\cdots$$
$$+\dfrac{n(n-1)\cdots(n-k+1)}{k!}u^{n-k}v^k+\cdots\cdots+v^n$$

となるので，

$$\dfrac{d^n}{dx^n}(uv)=u^{(0)}v^{(0)}(u+v)^n$$
$$=u^{(0)}v^{(0)}\left\{u^{(n)}+nu^{(n-1)}v^{(1)}+\dfrac{n(n-1)}{1\cdot 2}u^{(n-2)}v^{(2)}+\cdots\cdots\right.$$

1·3 集合関数の逐次微分法

$$+\frac{n(n-1)\cdots(n-k+1)}{k!}u^{(n-k)}v^{(k)}+\cdots\cdots+v^{(n)}\Big\}$$

$$=u^{(n)}v^{(0)}+nu^{(n-1)}v^{(1)}+\frac{n(n-1)}{1\cdot 2}u^{(n-2)}v^{(2)}+\cdots\cdots$$

$$+\frac{n(n-1)\cdots(n-k+1)}{k!}n^{(n-k)}v^{(k)}+\cdots\cdots+u^{(0)}v^{(n)}$$

$$=\frac{d^nu}{dx^n}v+n\frac{d^{n-1}u}{dx^{n-1}}\frac{dv}{dx}+\frac{n(n-1)}{2!}\frac{d^{n-2}u}{dx^{n-2}}\frac{d^2v}{dx^2}+\cdots\cdots$$

$$+\frac{n(n-1)\cdots(n-k+1)}{k!}\frac{d^{n-k}u}{dx^{n-k}}\frac{d^kv}{dk^k}+\cdots\cdots+u\frac{d^nv}{dk^n}$$

$$=\frac{d^nu}{dx^n}v+\binom{n}{1}\frac{d^{n-1}u}{dx^{n-1}}\frac{dv}{dx}+\binom{n}{2}\frac{d^{n-2}u}{dx^{n-2}}\frac{d^2v}{dx^2}+\cdots\cdots$$

$$+\binom{n}{k}\frac{d^{n-k}u}{dx^{n-k}}\frac{d^kv}{dx^k}+\cdots\cdots+u\frac{d^nv}{dx^n}$$

ただし，$\binom{n}{k}=\dfrac{n(n-1)(n-2)\cdots(n-k+1)}{k!}$ (1·9)

ライプニッツの定理　これをライプニッツ（Leibniz）の定理という．

例えば，$y=\varepsilon^x\log x$ の n 次微係数をライプニッツの定理を用いて求めるのに，$u=\varepsilon^x$，$v=\log x$ とおくと，

$$\frac{du}{dx}=\frac{d\varepsilon^x}{dx}=\varepsilon^x,\quad \frac{d^pu}{dx^p}=\varepsilon^x \tag{1·2の例4}$$

$$\frac{dv}{dx}=\frac{d\log x}{dx}=\frac{1}{x},\quad \frac{d^pv}{dx^p}=(-1)^{p-1}(p-1)!\frac{1}{x^p} \tag{1·2の例6}$$

となるので

$$\frac{d^ny}{dx^n}=\varepsilon^x\log x+n\varepsilon^x\frac{1}{x}-\frac{n(n-1)}{2!}\varepsilon^x\frac{1}{x^2}+\cdots\cdots+(-1)^k(k-1)!$$

$$\times\frac{n(n-1)\cdots(n-k+1)}{k!}\varepsilon^x\frac{1}{x^k}+\cdots\cdots+(-1)^{n-1}(n-1)!\varepsilon^x\frac{1}{x^n}$$

また，二つの関数の $y=u/v$ の n 次微係数は，$y=(u\cdot v^{-1})$ とおいて，上記のライプニッツの定理を用いることができる．

1·4　高次導関数の応用

二項定理　高次導関数の応用の1例として，よく利用される二項定理を証明してみよう．この二項定理は前項でも示したように

$$(a+x)^n=a^n+na^{n-1}x+\frac{n(n-1)}{2!}a^{n-2}x^2+\cdots\cdots$$

$$+\frac{n(n-1)\cdots(n-k+1)}{k!}\times a^{n-k}x^k+\cdots\cdots+x^n \tag{1}\quad(\textit{1·10})$$

1 高次導関数の計算

としてあらわされるもので，組合わせの理を用いても導かれるが，ここでは高次導関数を用いて導いてみる．

いま $(a+x)^n$ で n を2から次第に大きくして，実際に計算してみると

$$(a+x)^2 = a^2 + 2ax + x^2$$
$$(a+x)^3 = a^3 + 3a^2x + 3ax^2 + x^3$$
$$(a+x)^4 = a^4 + 4a^3x + 6a^2x^2 + 4ax^3 + x^4 \cdots\cdots$$

というようになるので，$(a+x)^n$ の形が次のようになることが容易に推定できる．

$$(a+x)^n = A_0 + A_1 x + A_2 x^2 + A_3 x^3 + \cdots + A_k x^k + \cdots + A_n x^n \quad (2)$$

そこで，未定係数 $A_0, A_1, A_2, A_3, \cdots, A_k, \cdots, A_n$ を定めると自から式の形が備わる．

まず，A_0 を定めるために上式で $x=0$ とおくと，$A_0 = a^n$ になり，次に原式の両辺を x について微分すると

$$\frac{d(a+x)^n}{dx} = n(a+x)^{n-1} = A_1 + 2A_2 x + 3A_3 x^2 + \cdots + kA_k x^{k-1} + \cdots + nA_n x^{n-1}$$

（注）：このように微分することによって一つの恒等式から新しい恒等式がえられる．

この式で $x=0$ とおくと，$A_1 = na^{n-1}$ となり A_1 の値が求められる．さらに上式の両辺を微分すると

$$n(n-1)(a+x)^{n-2} = 2\cdot 1 A_2 + 3\cdot 2 A_3 x + \cdots + k(k-1) A_k x^{k-2} + \cdots$$
$$\cdots\cdots + n(n-1) A_n x^{n-2}$$

この新しい恒等式で $x=0$ とおくと，

$$n(n-1)a^{n-2} = 2\cdot 1 A_2, \quad \therefore A_2 = \frac{n(n-1)}{1\cdot 2} a^{n-2}$$

と A_2 が定められる．以上から k 回微分をした恒等式で $x=0$ とおくと，次のように定められることが自からわかり，A_k が決定できる．

$$n(n-1)(n-2)\cdots\cdots(n-k+1)a^{n-k} = k(k-1)(k-2)\cdots 1 A_k$$

$$\therefore A_k = \frac{n(n-1)\cdots(n-k+1)}{k!} a^{n-k}$$

さらに，これを n 回微分すると，上式で $k=n$ とおくことになり

$$A_n = \frac{n(n-1)(n-2)\cdots\cdots 1}{n!} a^{n-n} = \frac{n!}{n!} a^0 = 1$$

それぞれ上記で求めた $A_0, A_1, A_2, \cdots, A_n$ の値を(2)式に代入すると，(1)式の二項定理による展開式がえられる．

この(1)式で $a=1$ とおくと

$$(1 \pm x)^n = 1 \pm x + \frac{n(n-1)}{2!} x^2 \pm \cdots\cdots$$

ということになり，x が1に比して小さい（$x=0.1$ 以下）のときは，$x^3 = 0.001$ 以下というようになるので，x^3 以下の項を省略して，

$$(1 \pm x)^n \fallingdotseq 1 \pm nx + \frac{n(n-1)}{2!}x^2 \fallingdotseq 1 \pm nx \qquad (1 \cdot 11)$$

とすることができる．

例えば2極電子管の陽極電流I_pが陽極電圧Vの3/2乗に比例するとき，比例常数をkととると，$I_p = kV^{\frac{3}{2}}$になるが，陽極電圧のわずかな変化ΔVに対する陽極電流の変化をΔI_pとすると

$$I_p \pm \Delta I_p = k(V \pm \Delta V)^{\frac{3}{2}} = kV^{\frac{3}{2}}\left(1 \pm \frac{\Delta V}{V}\right)^{\frac{3}{2}} \fallingdotseq kV^{\frac{3}{2}}\left(1 \pm \frac{3}{2}\frac{\Delta V}{V}\right)$$

$$\therefore \pm \Delta I_p = I_p \times \left(\pm \frac{3}{2}\frac{\Delta V}{V}\right)$$

となり，仮に陽極電圧に$(\Delta V/V) \times 100 = \pm 6\%$の変化があると，陽極電流には$\pm 9\%$の変化を生ずることになる．

2 平均値の定理とその応用

2・1 ロールの定理

　変域 (a, b) において，変数 x の関数 $y = f(x)$ が1価連続で至る所で微分が可能であると，$f(x)$ の導関数 $f'(x)$ も図2・1のように連続曲線となり，この $f(x)$ の極大および極小点では $f(x)$ の変化はやむので，その変化率曲線である $f'(x)$ は，これからの点で0になる．$f'(x) = dy/dx = \tan\alpha = 0$ で $\alpha = 0$ または $\alpha = 2\pi$ となり，この点での曲線の接線は X 軸と平行になる．すなわち，極大点 P で $f'(x) = 0$，また極小点 Q で $f'(x_2) = 0$ になる．

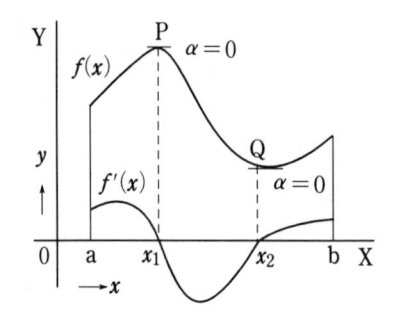

図2・1 極大と極小点

　このように，ある変域 (a, b) で変数 x の関数 $f(x)$ およびその導関数 $f'(x)$ が連続で，しかも図2・2に示すように $f(a) = 0$ および $f(b) = 0$ であると，この変域内で $f'(x)$ を0とする x の値が少なくとも一つは存在する．

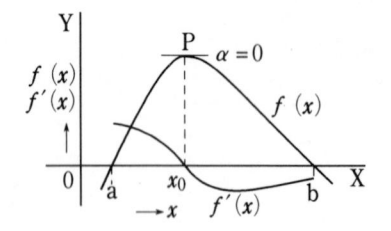

図2・2 ロールの定理

ロールの定理　図では $f'(x_0) = 0$ になっている．これを**ロールの定理**（Rolle's Theorem）といい，微分積分学での基本定理の一つになっている．もっとも，この定理は典型的な存在定理であって，$f'(x_0) = 0$ という性質をもった点が必ず存在するということであって，その求め方には言及されていない．また，少なくとも一つは存在するというのであるから二つ以上存在することもありうる．

2・1 ロールの定理

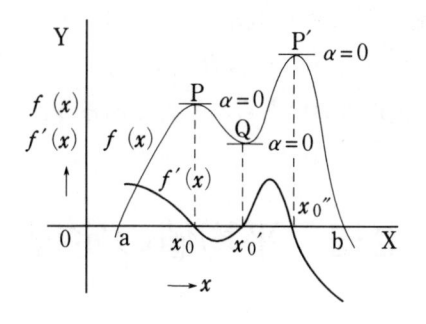

図2・3 $f'(x)=0$が三つある例

図2・3は$f'(x_0)=0$, $f'(x_0')=0$, $f'(x_0'')=0$と三つ存在している場合である。しかし，その数は必ず奇数個である。というのは，図2・3のように二つの極大値があると，その間に極小値が一つあり，三つの極大値があると，その間に二つの極小値があるというように，$f'(x)=0$とする極大値と極小値の和は3, 5, 7……というように奇数個になる。ただし，図2・4に示す例のように$f(x)$または$f'(x)$が不連続だと，このように$f'(x)=0$とする点が存在しない場合も生ずる。次に，この定理の証明をしよう。$f(a)=0$, $f(b)=0$であるから，xがaからbの増大する過程は，$f(x)$が単調に増加する一方でありえない。

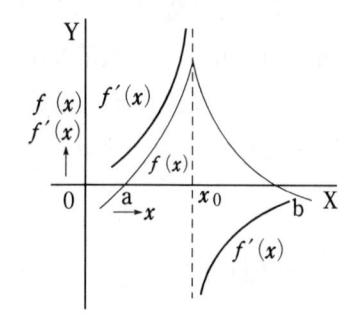

図2・4 $f'(x)=0$が存在しない場合

また単調に減少する一方でもありえない。すなわち，$f(x)$曲線が一度X軸と交わった$f(a)=0$の後に再びこれと交わる$f(b)=0$の間には，少なくとも1回は$f(x)$は増加した後に減少するなり，減少した後に増加せねばならない。したがって，aとbの間で少なくとも一つのxの値に対し，$f(x)$が増加から減少へ，または減少から増加に移る点，すなわち極大値なり極小値があるはずで，この点での$f(x)$の接線はX軸と平行で$\tan\alpha=0$であり，曲線の変化率である微係数も$f'(x)=0$になる。

なお，この定理は$f(a)=f(b)=0$でなくとも，図2・5のように，$f(a)=f(b)=k$においても成立する。

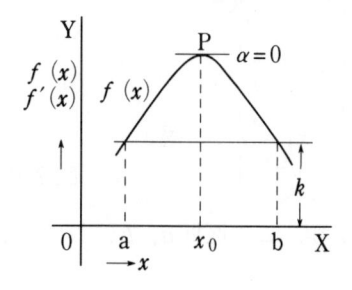

図2・5 一般的なロールの定理

というのは，X軸をkだけ上方に移して，$f(x)$の代りに$F(x)=f(x)-k$をとって考えると，$F(a)=F(b)=0$になって，前と同様に，この区間(a, b)内に$F'(x_0)=0$とするx_0が少なくとも一つは存在することになる。

これをまとめていうと，「$f(x)$が区間(a, b)で連続で至るところで微係数を有

し，区間 (a, b) の両端で関数値が相等しく $f(a)=f(b)$ であるなら，この区間には $f'(x)$ を0とする点が少なくとも一つは存在する」

ロールの定理 これが一般的なロールの定理のいいあらわし方であろう．

2·2 平均値の定理

ここに述べる平均値の定理はラグランジュ（Lagrange; 1736~1813）がロールの定理を拡張してえたもので，彼はイタリアのトリノ市で大学教育をうけたが，数学は全く独学で，17才のとき英国の天文学者ハレーが著した代数学の書を見て数学に興味をもち，独力で研究をつづけ，19才のとき，等周問題に対する一般的な方法（変分学）を見出してオイレルに報告し，オイレルから自分以上だと激賞され，それに力をえて異常な努力をもって着々と研究を進め，当時の数学界における巨星の一つになった．

彼が解析的力学を創設したことは有名な話で，その美しく調和のとれた力学体系にハミルトンは〝A kind of scientific poem〟だと讃辞を呈している．

平均値の定理 次に一般的な平均値の定理を説明しよう．いま，変数 x の関数 $y=f(x)$ の導関数 $f'(x)$ がある変域内において有限連続で，かつ，$x=a$, $x=b$ がその変域内の2数であるとき，a と b の間には

$$\frac{f(b)-f(a)}{b-a}=\frac{f(b)-f(a)}{h}=f'(x_1) \tag{2·1}$$

となるような x_1 が少なくとも一つは存在する．ということは図2·6に示すように，**平均変化率** 上式の左辺は a と b の間における $y=f(x)$ の平均変化率であるから，この区間における $f(x)$ の平均変化率が $f'(x_1)=\tan\alpha_1$ に等しいようなP点 $(x_1, f(x_1))$ が，少なくとも一つは同区間 (a, b) 内に存在していることを意味する．これを平均値の定理ま **ラグランジュ** たはラグランジュの定理という．
の定理

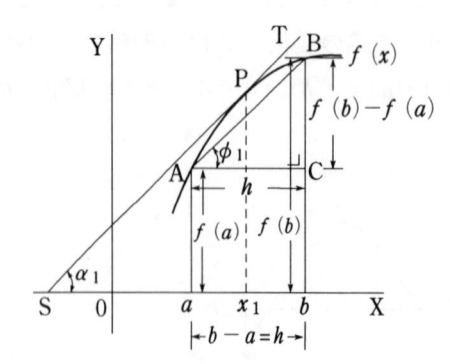

図2·6 平均値の定理

次に，これを証明してみよう．この区間 a, b における $y=f(x)$ の平均変化率を

$$\frac{f(b)-f(a)}{b-a}=\beta \tag{1}$$

とおくと，次の関係式がえられる

$$f(b)-f(a)-\beta(b-a)=0 \tag{2}$$

さて，この式の左辺でbをxとおいた$F(x)$なる新しい補助関数
$$F(x) = f(x) - f(a) - \beta(b-a) \tag{3}$$
をとって考えると，この新しい関数のxをbとおいたものは，(2)式より
$$F(b) = f(b) - f(a) - \beta(b-a) = 0$$
であり，また，$F(x)$のxをaとおくと
$$F(a) = f(a) - f(a) - \beta(a-a) = 0$$
となる．すなわち，$F(x)$なる関数で$F(b) = F(a) = 0$であるから，ロールの定理によって，変域$a \leq x \leq b$において，$F'(x)$が0になるxの値，$F'(x_1) = 0$が少なくとも一つは存在する．ところで(3)式での$F(x)$の導関数$F'(x) = dF(x)/dx$は，$f(a)$が定数であり，$(-\beta x + \beta a)$のβaも定数だから
$$F'(x) = f'(x) - \beta$$
となり，このxにx_1を代入したものは前記したように
$$F'(x_1) = f'(x_1) - \beta = 0 \quad \therefore \quad \beta = f'(x_1)$$
というようになるので，このβを(1)式に用いると
$$\frac{f(b) - f(a)}{b-a} = f'(x_1) \quad \text{ただし} \quad a \leq x_1 \leq b$$

したがって，最初に述べたように$a \leq x \leq b$において，$f(x)$および$f'(x)$が連続であると，上式を満足するようなx_1の値が一つは存在する．ということは，$a \leq x \leq b$における$f(x)$の平均変化率は，この区間内にあるxの値x_1における$f(x)$の微係数$f'(x_1)$に等しいことを意味する．なお，図2・6でA点$(a, f(a))$とB点$(b, f(b))$をとると，この2点を結んだ直線ABの方向係数は図上から明らかなように

平均変化率

$$\tan\phi_1 = \frac{f(b) - f(a)}{b-a}$$
であり，これとa, b間の$x = x_1$に対応する曲線$f(x)$上のP点に引いた接線の方向係数は
$$\tan\alpha_1 = \lim_{\Delta x \to 0} \frac{\Delta y}{\Delta x} = f'(x_1)$$
となり，この両者が相等しく
$$\tan\phi_1 = \frac{f(b) - f(a)}{b-a} = f'(x_1) = \tan\alpha_1 \quad \therefore \quad \phi_1 = \alpha_1, \quad AB // ST$$
であって，$f(x)$曲線のa, b間において直線ABに平行な曲線上の接線が少なくとも一つは，この区間に存在することを示している．

さらに，$a \leq x_1 \leq b$であるx_1は，θを$0 < \theta < 1$なる数とし，$b - a = h$とおくと
$$x_1 = a + \theta(b-a) = a + \theta h$$
と書くことができる．また，$b = a + h$となるので平均値の定理を書き直した
$$f(b) - f(a) = (b-a)f'(x_1), \quad f(b) = f(a) + (b-a)f'(x_1)$$
は，次のように書換えることができる
$$f(a+h) = f(a) + hf'(a+\theta h) \quad \text{ただし} \quad 0 < \theta < 1 \tag{2・2}$$
この式でaの代わりにxを入れると

—13—

$$f(x+h) = f(x) + hf'(a+\theta h) \tag{2·3}$$

となる．なお，(2·2) 式で $a=0$ とし，h の代わりに x を入れると

$$f(x) = f(0) + xf'(\theta x) \tag{2·4}$$

となるが，前2式のいずれの場合も $0<\theta<1$ である．

2·3 コーシの平均値の定理

これはコーシがラグランジュの定理を拡張してえたものである．すなわち，変数 x に関する二つの関数 $f(x)$，$\varphi(x)$ の導関数 $f'(x)$ および $\varphi'(x)$ が x のある変域内で，例えば図2·7のように連続であり，a と b がその変域内の2点であって，$a<x_1<b$ で $\varphi_1(x_1) \neq 0$ であると

$$\frac{f(b)-f(a)}{\varphi(b)-\varphi(a)} = \frac{f'(x_1)}{\varphi'(x_1)} \tag{2·5}$$

コーシの平均値 の定理

となるような x_1 は少なくとも一つは存在する．このコーシの平均値の定理で $\varphi(x)=x$ とおくと，$\varphi(b)=b$，$\varphi(a)=a$，$\varphi'(x_1)=dx/dx=1$ となってラグランジュの一般的な平均値の定理になる．

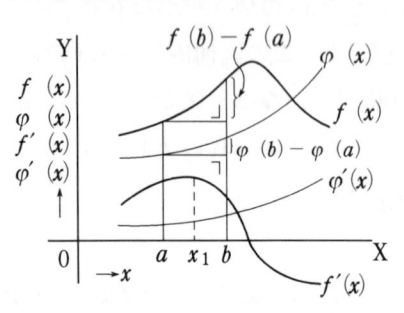

図2·7 コーシの平均値の定理

これも前と同様にして証明することができる．まず $\varphi(x)$ をとって一般の平均値の定理を適用すると，

$$\frac{\varphi(b)-\varphi(a)}{b-a} = \varphi'(x_1) \neq 0 \quad \text{ただし，} a<x_1<b$$

となるので $\varphi(b)-\varphi(a) \neq 0$ である．いま

$$\frac{f(b)-f(a)}{\varphi(b)-\varphi(a)} = \beta \quad \text{とおくと，} \tag{1}$$

$$f(b) - f(a) - \beta\{\varphi(b)-\varphi(a)\} = 0 \tag{2}$$

この式の a の代わりに x を入れた

$$F(x) = f(b) - f(x) - \beta\{\varphi(b)-\varphi(x)\} \tag{3}$$

なる新しい補助関数を考えると $F(b)=0$ になり，$F(a)$ は (2) 式によって $F(a)=0$ になるので，ロールの定理によって $F'(x)$ は区間 a，b において少なくとも1回は0になる．この $F'(x)$ を0とする x の値を x_1 とすると $F'(x_1)=0$ である．

(3) 式を微分して $x=x_1$ とおくと

—14—

2・3 コーシの平均値の定理

$$F'(x_1) = -f'(x_1) + \beta\varphi'(x_1) = 0 \quad \text{となるので,} \quad \frac{f(b)-f(a)}{\varphi(b)-\varphi(a)}$$

これを (1) 式に代入すると，(2・5) 式で示したコーシの平均値の定理がえられる．

次にコーシの平均値の定理を用いて極限値を求める方法を説明しよう．いま $f(x) = x^3 - 8$, $\varphi(x) = x^2 + x - 6$ として，$x \to 2$ となる極限の $f(x)/\varphi(x)$ を求めると (0/0) になる．この (0/0) を**不定形**といい，このような不定形の極限値の存在の有無およびその値を求めることを不定形を解くという．

不定形

さて，コーシの平均値の定理

$$\frac{f(b)-f(a)}{\varphi(b)-\varphi(a)} = \frac{f'(x_1)}{\varphi'(x_1)} \qquad a < x_1 < b$$

において，限りなく b を a に近づけると，左辺は (0/0) なる不定形に限りなく接近し，また a, b 内にある x_1 は限りなく a に近づき，x_1 が a に近づく方が，b が a に近づくより早い．そこで

$$\lim_{b \to a} \frac{f(b)-f(a)}{\varphi(b)-\varphi(a)} = \frac{f'(a)}{\varphi'(a)}$$

ロピタルの定理

ということになる．これを**ロピタル（L' Hospital）の定理**ともいう．例えば上例では

$$f'(x) = 3x^2, \quad \varphi'(x) = 2x + 1$$

となるので

$$\lim_{x \to 2} \frac{x^3 - 8}{x^2 + x - 6} = \lim_{x \to 2} \frac{3x^2}{2x + 1} = \frac{12}{5}$$

というように極限値を求めることができる．このようにロピタルの定理を用いると，極限値が容易に求められる．いま1例をあげると

$$f(x) = x^n - a^n, \varphi(x) = x - a \text{とすると,} \quad f'(x) = nx^{n-1}, \varphi'(x) = 1$$

となるので

$$\lim_{x \to a} \frac{x^n - a^n}{x - a} = \lim_{x \to a} \frac{nx^{n-1}}{1} = na^{n-1}$$

というようになる．

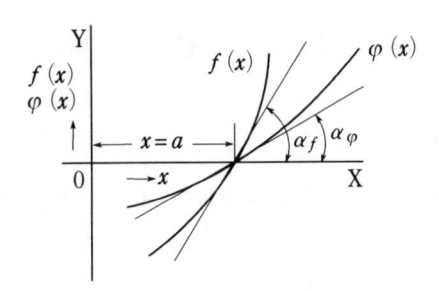

図2・8 極限値は収束速度の比

この関数の比が不定形 (0/0) になるときの極限値 ── 図2・8に示すように $f'(a)/\varphi'(a) = \tan\alpha_f / \tan\alpha_\varphi$ であって，この α の大きいものほど 0 に近づく速度が大だから，この極限値は両関数の 0 に収束する収束速度の比だとも考えられる ── を求める上記のロピタルの定理で，$b = x$ とおくと $b \to a$，すなわち $x \to a$ で $f(a) = 0$, $\varphi(a) = 0$

── 15 ──

になるので，前式は次のようにも書直される．

$$\lim_{x \to a}\frac{f(x)-f(a)}{\varphi(x)-\varphi(a)}=\lim_{x \to a}\frac{f'(x)}{\varphi'(x)}=\frac{f'(a)}{\varphi'(a)} \qquad (2\cdot6)$$

ロピタルの定理は一般にこの形であらわされているが，これを証明するにxの微分dxは無限小であるから$x+dx$はxと見なしてよく

$$f(x+dx)=f(x), \quad \varphi(x+dx)=\varphi(x) \qquad (1)$$

この両者の比をとると

$$\frac{f(x)}{\varphi(x)}=\frac{f(x+dx)}{\varphi(x+dx)} \qquad (2)$$

しかるに$\frac{b}{a}=\frac{d}{c}=k$とすると$b=ak$, $d=ck$になるので

$$\frac{d-b}{c-a}=\frac{ck-ak}{c-a}=k=\frac{b}{a}, \quad そこで \quad \frac{f(x)}{\varphi(x)}=\frac{f(x+dx)-f(x)}{\varphi(x+dx)-\varphi(x)} \qquad (3)$$

この右辺の分母子をdxで除すと

$$\frac{f(x)}{\varphi(x)}=\frac{\dfrac{f(x+dx)-f(x)}{dx}}{\dfrac{\varphi(x+dx)-\varphi(x)}{dx}}=\frac{f'(x)}{\varphi'(x)} \qquad (4)$$

と証明している数学書がある．これは思想的に誤っている．

(1), (2)式の成立するのはdxが無限小であって，これが無視できるという前提の上に立っている．ところが(2)から(3)の変化は$b \neq d$, $a \neq c$において成立するのであって，$d=b$, $c=a$とすると(1)によると(3)は(0/0)の不定形である．重ねていうと(1), (2)ではdxを無限小として無視し，(2), (3), (4)ではdxをある有限な数として有視している．このような論理の一貫しない証明は証明として成立たない．工業用の数学書には簡略を追うあまり，こうした思想的な誤りをおかした個所がままあるので注意を要する．

2·4　平均値の定理の応用

変数xのある変域で$f(x)$および$f'(x)$が連続であると，平均値の定理が成立し，(2·3)式に示した

$$f(x+h)=f(x)+hf'(x+\theta h) \qquad ただし,\ 0<\theta<1$$

が成立する．このhをごく小さくとると，θhもきわめて小さく，これを無視すると上式は近似的に

$$f(x+h) \fallingdotseq f(x)+hf'(x) \qquad (2\cdot7)$$

とみなすことができる．次にこれを利用して関数の近似値を求めてみよう．

〔例1〕　$f(x)=x^m$とすると，$f'(x)=\dfrac{d}{dx}x^m=mx^{m-1}$となるので

$$(x+h)^m \fallingdotseq x^m + mhx^{m-1} = x^m\left(1+m\frac{h}{x}\right)$$

いま，$x=2,\ m=3,\ h=0.06$ とすると

$$2.06^3 = (2+0.06)^3 \fallingdotseq 2^3\left(1+3\times\frac{0.06}{2}\right)=8.72$$

実際の数値は 8.74 で誤差は 0.23% である．

また，変数 x の関数 $y=f(x)$ において，x_0 の近似値として x_1 をとったとき関数値を $y_1=f(x_1)$ とすると，x_1 の x_0 に対する誤差 $\Delta x = x_0 - x_1$, y_1 の y_0 に対する誤差を $\Delta y = y_0 - y_1$ とすると，真値の関係式は

$$y_0 = y_1 + \Delta y = f(x_1 + \Delta x) \fallingdotseq f(x_1) + \Delta x f'(x_1)$$

関数値の誤差

となるので関数値の誤差 Δy の近似値は

$$\Delta y \fallingdotseq \Delta x f'(x_1) \tag{2・8}$$

誤差の近似式

によって求められる．これを**誤差の近似式**という．また，この式は，変数 x のわずかな変化 Δx のために生ずる関数値 $f(x)$ の変化 Δy は近似的に Δx に正比例することをあらわしている．

〔例2〕 $f(x)=\log x$ とすると $f'(x)=\dfrac{d}{dx}\log x = \dfrac{1}{x}$ となり，

$$\log(x+h) \fallingdotseq \log x + h\cdot\frac{1}{x}, \quad \log(x+h)-\log x \fallingdotseq \frac{h}{x}$$

いま，$x=3,\ \log 3 = 1.0988$ とすると $h=0.12$ では

$$\log 3.12 = \log(3+0.12) \fallingdotseq \log 3 + 0.12 \times \frac{1}{3} = 1.139$$

〔例3〕 $f(x)=\sin x$ とすると，$f'(x)=\cos x$ となり

$$\sin(x+h) \fallingdotseq \sin x + h\cos x,\quad \sin(x+h)-\sin x \fallingdotseq h\cos x$$

いま $x=30°=\pi/6$, $\sin(\pi/6)=1/2$ として $\sin 29°$ を求めると

$$\sin 29° = \sin\left(\frac{\pi}{6}-\frac{\pi}{180}\right) \fallingdotseq \sin\frac{\pi}{6} - \frac{\pi}{180}\cos\frac{\pi}{6}$$

$$= \frac{1}{2} - \frac{3.14}{180}\times\frac{\sqrt{3}}{2} = 0.4849$$

同様にして，$\cos(x+h) \fallingdotseq \cos x - h\sin x$, $\cos(x+h)-\cos x \fallingdotseq -h\sin x$ などの近似関係式がえられる．

2・5 テイラーの定理（第 n 次平均値定理）と関数の展開

テイラー（Taylor：1685〜1731）は 1715 年に刊行した自著 Methodus incrementorm directa et inversa において，一つの独立変数を有する関数が

2 平均値の定理とその応用

$$f(x+h) = f(x) + hf'(x) + \frac{h^2}{2!}f''(x) + \frac{h^3}{3!}f'''(x) + \cdots\cdots$$

というような級数に展開されると考えた．

テイラーの定理　この着想は，関数の定義に飛躍的な発展を与えたもので，それまで関数は有限個の演算記号で変数と定数からなる項を結合した式であらわされるものと考えられていたが，このテイラーの定理によって，関数が無限級数（Infinite series）に展開（Expand）できることがわかった．彼は，この級数を有限個の項数のものと同様に扱い，どのような関数も，この無限級数であらわされると考えていたようであるが，後年，コーシによって，その収束性を吟味した上でないと，このような無限級数に展開できないことが明らかにされた．また，テイラーよりやや後でマクローリン（Maclaurin：1698~1746）は，変数xに関する任意の関数が

$$f(x) = f(0) + \frac{f'(0)}{1!}x + \frac{f''(0)}{2!}x^2 + \frac{f'''(0)}{3!}x^3 + \cdots$$

マクローリンの定理　というような無限級数に展開されることを記していて，一般に，これを**マクローリンの定理**ともいっているが，これは上記のテイラーの展開式で，xを0としhをxにおきかえるとこの式になる．事実，テイラーは前記した自著のp.21にテイラーの展開式を示すと同時に，p.27にこのマクローリンの式を示している．一方，マクローリン自身も1742年に刊行した自著 Treatise of fluxions のp.611で，この式がテイラーの上記の書に出ていることを明らかにしているので，マクローリンの定理というのは不当でテイラーの定理の変形として扱うのが正道であろう．

ところで，テイラーにしてもマクローリンにしても，関数がどうしてこのような無限級数の形に展開できるかの根拠を明らかにしていない．これを明らかにしたのはラグランジュで，これを彼の著書 Lecons sur le calculdes fonctions（1801年刊）より翻案して紹介しよう．

高次平均値の定理　彼は平均値の定理を拡張した高次平均値の定理によって，これを明らかにした．さて，(2·3) 式で示したように，平均値の定理によると

$$f(x) = f(a+h) = f(a) + hf'(a+\theta h)$$

となるが，特別の場合の他はθを定める決め手がない．そこでaに対しθhを無視して$f(a+h) \fallingdotseq f(a) + hf'(a)$とした訳であるが，さらにこの精度を高めるため，この展開を$f''(x)$の項まで進めると，**図2·9**のように$x = b$，$h = b - a$とおいて

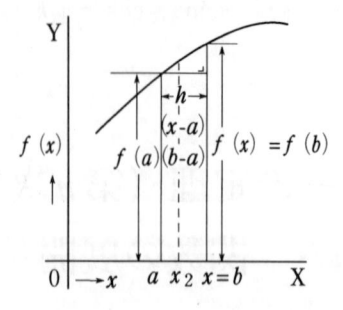

図2·9　第2次平均値定理

$$f(b) = f(a) + (b-a)f'(a) + \frac{1}{2}(b-a)^2 f''(x_2) \tag{1}$$

ただし，$a \leq x_2 \leq b$

となる．これを証明するために，適当な数γをとって
$$f(b)-f(a)-(b-a)f'(a)-\frac{1}{2}(b-a)^2\gamma=0 \tag{2}$$
が成立したとすると，前と同様に，この式でaをxにおきかえた
$$F(x)=f(b)-f(x)-(b-x)f'(x)-\frac{1}{2}(b-x)^2\gamma \tag{3}$$
なる補助関数をとって考えると，$F(a)$は(2)式より$F(a)=0$になり，また，$F(b)=0$になるので，ロールの定理によって，区間(a, b)内に$F'(x)$を0とするxの値x_2が必ず存在する．そこで(3)式を微分すると
$$F'(x)=-f'(x)+f'(x)-(b-x)f''(x)+(b-x)\gamma$$
$$=(b-x)\{-f''(x)+\gamma\}$$
ただし，$\dfrac{d}{dx}(b-x)f'(x)=f'(x)\dfrac{d}{dx}(b-x)+(b-x)\dfrac{d}{dx}f'(x)$
$$=-f'(x)+(b-x)f''(x)$$
$$\frac{\gamma}{2}\frac{d}{dx}(b-x)^2=\frac{\gamma}{2}\frac{d(b-x)^2}{d(b-x)}\cdot\frac{d(b-x)}{dx}=-(b-x)\gamma$$
となるので
$$F'(x_2)=(b-x_2)\{-f''(x_2)+\gamma\}=0$$
$$\therefore \gamma=f''(x_2)$$

これを(2)式に代入すると(1)式がえられる．さて，この(1)式でθを$0<\theta<1$なるこの場合での適当な数として
$$x_2=a+\theta(b-a)$$
であらわすと，(1)式は
$$f(b)=f(a)+(b-a)f'(a)+\frac{1}{2}(b-a)^2f''\{a+\theta(b-a)\}$$
となり，ここでbをxにかきかえると
$$f(x)=f(a)+(x-a)f'(a)+\frac{1}{2}(x-a)^2f''\{a+\theta(x-a)\}$$
となり，さらに$x-a=h$とおくと
$$f(x)=f(a+h)=f(a)+hf'(a)+\frac{1}{2}h^2f''(a+\theta h)$$
のようになり，θhがaに比してきわめて微小であると
$$f(a+h)\fallingdotseq f(a)+hf'(a)+\frac{1}{2}h^2f''(a)$$
なる近似式が成立する．さらに，この近似式の精度を高めるために，平均値の定理を第n次$f^{(n)}(x)$まで拡張しつづけると
$$f(b)=f(a)+\frac{f'(a)}{1!}(b-a)+\frac{f''(a)}{2!}(b-a)^2+\cdots\cdots$$
$$+\frac{f^{(n)}(x_n)}{n!}(b-a)^n \tag{2·9}$$

第 n 次平均値定理

テイラーの定理

のようになる．これを**第 n 次平均値定理**とも**テイラーの定理** (Taylor's theorem) ともいう．もちろん，この定理が成立するためには，原関数 $f(x)$ は区間 (a, b) において連続であり，第1次から第 n 次までの導関数 $f'(x), f''(x), \cdots, f^{(n)}(x)$ が有限にして確定した値をもつこと，すなわち，そのいずれもが区間内で連続でなくてはならない．さて，この第 n 次平均値定理を証明するために，適当な数 δ をとって，

$$f(b) - f(a) - \frac{f'(a)}{1!}(b-a) - \frac{f''(a)}{2!}(b-a)^2 - \cdots$$
$$- \frac{f^{(n-1)}(a)}{(n-1)!}(b-a)^{n-1} - (b-a)^n \delta = 0 \tag{4}$$

が成立したとする．前の場合と同様に，この式で a を x でおきかえた

$$F(x) = f(b) - f(x) - \frac{f'(x)}{1!}(b-x) - \frac{f''(x)}{2!}(b-x)^2 - \cdots$$
$$- \frac{f^{(n-1)}(x)}{(n-1)!}(b-x)^{n-1} - (b-x)^n \delta \tag{5}$$

なる補助関数をとって考えると，$F(a)$ は (4) 式によって $F(a) = 0$ であり，また $F(b) = 0$ になるので，ロールの定理によって区間 (a, b) 内で $F'(x)$ を 0 とする x の値 x_n が必ず存在する．そこで (5) 式を微分すると

$$F'(x) = -f'(x) + f'(x) - (b-x)f''(x) + (b-x)f''(x)$$
$$- (b-x)^2 \frac{f'''(x)}{2!} + \cdots - \frac{(b-x)^{n-1}}{(n-1)!}f^{(n)}(x) + n(b-x)^{n-1}\delta$$

というように順次に打消し合って行き，結局は最後の2項が残り，

$$F'(x) = -\frac{(b-x)^{n-1}}{(n-1)!}f^{(n)}(x) + n(b-x)^{n-1}\delta$$
$$= (b-x)^{n-1}\left\{-\frac{f^{(n)}(x)}{(n-1)!} + n\delta\right\}$$

になる．上述のように，この $F'(x)$ の x に x_n を入れたものは 0 になるので

$$\delta = \frac{f^{(n)}(x_n)}{(n-1)!n} = \frac{f^{(n)}(x_n)}{n!}$$

これを (4) 式に入れると $(2 \cdot 9)$ 式がえられる．また，この $(2 \cdot 9)$ 式で，θ を $0 < \theta < 1$ の適当な数として

$$x_n = a + \theta(b-a)$$

とおくと，

$$f(b) = f(a) + \frac{f'(a)}{1!}(b-a) + \frac{f''(a)}{2!}(b-a)^2 + \cdots$$
$$+ \frac{f^{(n-1)}(a)}{(n-1)!}(b-a)^{n-1} + \frac{f^{(n)}\{a+\theta(b-a)\}}{n!}(b-a)^n \tag{2·10}$$

2·5 テイラーの定理（n次平均値定理）と関数の展開

この式で b を x とおくと

$$f(x) = f(a) + \frac{f'(a)}{1!}(x-a) + \frac{f''(a)}{2!}(x-a)^2 + \cdots\cdots$$
$$+ \frac{f^{(n-1)}(a)}{(n-1)!}(x-a)^{n-1} + \frac{f^{(n)}\{a+\theta(x-a)\}}{n!}(x-a)^n \qquad (2\cdot 11)$$

また，$x - a = h\ (x = a + h)$ とおくと

$$f(x) = f(a+h) = f(a) + \frac{f'(a)}{1!}h + \frac{f''(a)}{2!}h^2 + \cdots\cdots$$
$$+ \frac{f^{(n-1)}(a)}{(n-1)!}h^{n-1} + \frac{f^{(n)}(a+\theta h)}{n!}h^n \qquad (2\cdot 12)$$

さらに，この式で a を x でおきかえると

$$f(x+h) = f(x) + \frac{f'(x)}{1!}h + \frac{f''(x)}{2!}h^2 + \cdots + \frac{f^{(n)}(x+\theta h)}{n!}h^n \qquad (2\cdot 13)$$

のような展開式もえられる．なお，$(2\cdot 11)$ 式で $a = 0$ とおくと

$$f(x) = f(0) + \frac{f'(0)}{1!}x + \frac{f''(0)}{2!}x^2 + \cdots + \frac{f^{(n-1)}(0)}{(n-1)!}x^{n-1} + \frac{f^{(n)}(\theta x)}{n!}x^n \qquad (2\cdot 14)$$

これが既述したように誤ってマクローリンの定理と称せられているものである．

なおまた，テイラーの定理で最初の n 項の和を $S_n(x)$ であらわし，最後の項を $R_n(x)$ であらわすと

$$f(x) = S_n(x) + R_n(x) \qquad (2\cdot 15)$$

ラグランジュの剰余　となる．この $R_n(x)$ をテイラーの展開における**ラグランジュの剰余**（Lagrange's remainder）というが，その意義は上記の展開式で $f(x)$ の値を定めるとき，未知なのは θ であって，一般的に θ を決定する方法はない．したがって，n を大きくとったとき，この剰余の項が0にならないと，展開式で関数値は定められない．いいかえると，項数 n を無限大したとき，剰余の項が零になる，すなわち

$$\lim_{n\to\infty} R_n(x) = 0$$

となると，この関数は無限級数として確定的に展開できる．

さて $(2\cdot 11) \sim (2\cdot 14)$ 式によると，ラグランジュの剰余は次式であらわされる．

$$R_n(x) = \frac{f^{(n)}\{a+\theta(x-a)\}}{n!}(x-a)^n = \frac{f^{(n)}(a+\theta h)}{n!}h^n$$
$$= \frac{f^{(n)}(x+\theta h)}{n!}h^n = \frac{f^{(n)}(\theta h)}{n!}x^n \qquad (2\cdot 16)$$

（注）：なお $R_n(x)$ のあらわし方にコーシの剰余やシュレーミルヒ・ロッシュの剰余があって，後者が剰余の式の形として一般的であるが，ここでは省略した．

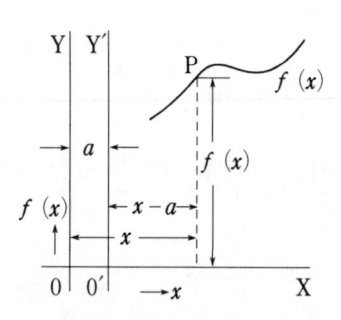

図 2·10 Y軸の移動

テイラーの定理　次に，また別の見地からテイラーの定理を考えてみよう．

ある関数 $y = f(x)$ が次のような級数である多項式であらわされたとする．

$$f(x) = c_0 + c_1 x + c_2 x^2 + \cdots\cdots + c_n x^n \tag{6}$$

これが図 2·10 のグラフで示されたとき，Y軸を右方に a だけ移動した Y′ 軸をとると，上式は

$$f(x) = c_0 + c_1(x-a) + c_2(x-a)^2 + \cdots\cdots + c_n(x-a)^n \tag{7}$$

になる．この (7) 式で $x=a$ とおくと，$f(a) = c_0$ によって定数 c_0 が決定される．次に (7) 式を1回微分すると

$$f'(x) = c_1 + 2c_2(x-a) + 3c_3(x-a)^2 + \cdots\cdots + nc_n(x-a)^{n-1}$$

となり，この式で $x=a$ とおくと $f'(a) = c_1$ によって定数 c_1 が決定される．さらに (7) 式を2回微分すると

$$f''(x) = 1\cdot 2 c_2 + 1\cdot 2\cdot 3 c_3(x-a) + \cdots\cdots + n(n-1)c_n(x-a)^{n-2}$$

となるので，この式で $x=a$ とおくと $f''(a) = 1\cdot 2 c_2$ によって $c_2 = f''(a)/2!$ と決定される．このように微分をつづけて $f'''(a) \cdots\cdots f^n(a)$ とおくと c_3 以下の定数が

$$c_3 = \frac{f'''(a)}{3!}, \quad\cdots\cdots,\quad c_k = \frac{f^{(k)}(a)}{k!}, \quad\cdots\cdots,\quad c_n = \frac{f^{(n)}(a)}{n!}$$

というように定められるので (7) 式は

$$f(x) = f(a) + \frac{f'(a)}{1!}(x-a) + \frac{f''(a)}{2!}(x-a)^2 + \cdots\cdots$$
$$+ \frac{f^{(n-1)}(a)}{(n-1)!}(x-a)^{n-1} + \frac{f^{(n)}(a)}{n!}(x-a)^n \tag{2·17}$$

となる．これを (2·11) 式のテイラーの定理をあらわす式と比較すると最後の剰余項の形がちがう以外は全く同様であって，一般に n を十分に大きくとると両者の差はきわめて微小になる．この (2·17) 式を**テイラーの級数**ともいう．

テイラーの級数

さて，第1次平均値定理を応用した関数の近似値の求め方は 2·4 で述べたが，ここでは第 n 次平均値定理を用いて，さらに精度の高い近似値を求める方法を説明しよう．

テイラーの定理をあらわす (2·13) 式によると，h の絶対値がきわめて小さいと，この式の右辺の適当な項数をとって $f(x+h)$ の近似値が求められる．また (2·14) 式では x の絶対値が小さいと右辺の適当な項数をとって $f(x)$ の近似値が求められる．

次に二三の実例を示そう．

〔例1〕　$f(x) = \sin x$ の場合：(2·14) 式で $f(0) = \sin 0 = 0$ であり，

2・5 テイラーの定理 (n次平均値定理) と関数の展開

$f^{(n)}(x) = \sin\left(x + \dfrac{n\pi}{2}\right)$, ただし $n = 1, 2, 3, \cdots n$ となるので,$f'(0) = 1$,$f''(0) = 0$,$f'''(0) = -1$,$f''''(0) = 0$,…というように,$1, 0, -1, 0\cdots$をくりかえすので

$$\sin x = x - \frac{x^3}{3!} + \frac{x^5}{5!} - \cdots\cdots + (-1)^n \frac{x^{2n+1}}{(2n+1)!} \sin\left\{\theta x + \frac{(2n+1)\pi}{2}\right\} \quad (2\cdot 18)$$

ここで,$|x|$がきわめて小さいとき,最初の$(k+1)$項をとって近似値を求めると

$$\sin x \fallingdotseq x - \frac{x^3}{3!} + \frac{x^5}{5!} - \cdots + (-1)^k \frac{x^{2k+1}}{(2k+1)!} \quad (2\cdot 19)$$

となる.いま,$x = 5°$として最初の3項($k=2$)をとると,$5° = 5\pi/180 = \pi/36$だから

$$\sin 5° \fallingdotseq \frac{\pi}{36} - \frac{\left(\dfrac{\pi}{36}\right)^3}{1\times 2\times 3} = 0.0872 - 0.0001 \fallingdotseq 0.087$$

というように算定される.

〔例2〕 $(x) = \varepsilon^x$の場合;前例と同様に$(2\cdot 14)$式で$f(0) = \varepsilon^0 = 1$となり,$f^{(n)}(x) = \varepsilon^x$となるので,任意の$k$に対し,$f^{(k)}(0) = \varepsilon^0 = 1$となる.したがって,

$$\varepsilon^x = 1 + x + \frac{x^2}{2!} + \cdots\cdots + \frac{x^{n-1}}{(n-1)!} + \frac{x^n}{n!}\varepsilon^{\theta x} \quad (2\cdot 20)$$

ただし,$0 < \theta < 1$

この場合$|x|$がきわめて小さく,上式の右辺の最初の適当な$(k+1)$項をとって,

$$\varepsilon^x \fallingdotseq 1 + x + \frac{x^2}{2!} + \cdots\cdots + \frac{x^k}{k!} \quad (2\cdot 21)$$

とすることができる.いま$x = 0.2$として4項($k=3$)をとると

$$\varepsilon^{0.2} \fallingdotseq 1 + 0.2 + \frac{(0.2)^2}{1\times 2} + \frac{(0.2)^3}{1\times 2\times 3} = 1.221$$

というように算定できる.

〔例3〕 $f(x) = \log(1+x)$の場合;同じく$(2\cdot 14)$式で$f(0) = 0$ ∵ $\log 1 = \alpha$,$\varepsilon^\alpha = 1$,$\alpha = 0$となり

$$f^{(n)}(x) = (-1)^{n-1}\frac{(n-1)!}{(1+x)^n} \quad \therefore \quad f^{(n)}(0) = (-1)^{n-1}(n-1)!$$

になるので,$f'(0) = 1$,$f''(0) = -1$,$f'''(0) = 2!$,…というようになり,

$$\log(1+x) = x - \frac{x^2}{2} + \frac{x^3}{3} - \cdots\cdots + (-1)^{n-1}\frac{x^n}{n(1+\theta x)^n} \quad (2\cdot 22)$$

ここで$|x|$がきわめて小さいと,最初のk項をとって

$$\log(1+x) \fallingdotseq x - \frac{x^2}{2} + \frac{x^3}{3} - \cdots + (-1)^{k-1}\frac{x^k}{k} \qquad (2\cdot23)$$

として求められる．いま，仮に $x=0.16$ として3項までとると

$$\log 1.16 = \log(1+0.16) \fallingdotseq 0.16 - \frac{(0.16)^2}{2} + \frac{(0.16)^3}{3} \fallingdotseq 0.148$$

というように算定できる．

　なお，テイラーの定理を用いて，関数を級数の形に展開して不定形の極限値を求めることもできる．例えば

$$\lim_{x\to 0}\frac{\varepsilon^x - \varepsilon^{-x} - 2x}{x - \sin x} \to \frac{0}{0}$$

この分子，分母を級数の形に展開すると，前記の $(2\cdot18)(2\cdot20)$ 式より

$$\text{分子} = \left(1 + x + \frac{x^2}{2!} + \frac{x^3}{3!} + \cdots\right) - \left(1 - x + \frac{x^2}{2!} - \frac{x^3}{3!} + \cdots\right) - 2x$$

$$= 2\left(\frac{x^3}{3!} + \frac{x^5}{5!} + \frac{x^7}{7!} + \cdots\right)$$

$$\text{分母} = x - \left(x - \frac{x^3}{3!} + \frac{x^5}{5!} - \frac{x^7}{7!} + \cdots\right)$$

$$= \frac{x^3}{3!} - \frac{x^5}{5!} + \frac{x^7}{7!} - \cdots$$

この分母子を $\frac{x^3}{3!}$ で約すと

$$\text{原式} = \frac{2\left(1 + \frac{3!}{5!}x^2 + \frac{3!}{7!}x^4 + \cdots\right)}{1 - \frac{3!}{5!}x^2 + \frac{3!}{7!}x^4 - \cdots}$$

となり，ここで $x \to 0$ とすると分母子とも第2項以下は0となり，

$$\lim_{x\to 0}\frac{\varepsilon^x - \varepsilon^{-x} - 2x}{x - \sin x} = \frac{2}{1} = 2$$

というように求められる．

2·6　ロピタルの定理の拡張と応用

　すでに2·3で述べたように $x \to a$ で $f(a)=0$, $\varphi(a)=0$ となるような関数の商の極限値は $(2\cdot6)$ 式のロピタルの定理によって

$$\lim_{x\to a}\frac{f(x)}{\varphi(x)} = \frac{f'(a)}{\varphi'(a)}$$

として求められたが，この $f'(a)=0$, $\varphi'(a)=0$ の場合の極限値はどうして求めるか

2·6 ロピタルの定理の拡張と応用

ロピタルの定理の拡張 をロピタルの定理の拡張として考えてみよう．

いま，変数xの関数$f(x)$, $\varphi(x)$が$x=a$をふくむ変域内で，それぞれが必要な高次導関数を有するものとし，$x=a$においては

$$\left.\begin{array}{l} f'(a)=f''(a)=f'''(a)=\cdots=f^{(n-1)}(a)=0 \\ \varphi'(a)=\varphi''(a)=\varphi'''(a)=\cdots=\varphi^{(n-1)}(a)=0 \end{array}\right\} \quad (1)$$

また，$f^{(n)}(a)\neq 0$, および$\varphi^{(n)}(a)\neq 0$, とする．

さて前項のテイラーの定理の $(2\cdot 11)$ 式では

$$f(x)=f(a)+\frac{f'(a)}{1!}(x-a)+\frac{f''(a)}{2!}(x-a)^2+\cdots\cdots$$

$$+\frac{f^{(n-1)}(a)}{(n-1)!}(x-a)^{n-1}+\frac{f^{(n)}\{a+\theta(x-a)\}}{n!}(x-a)^n$$

に上記の(1)の関係を用いると

$$f(x)=\frac{f^{(n)}\{a+\theta(x-a)\}}{n!}(x-a)^n$$

同様に，

$$\varphi(x)=\frac{\varphi^{(n)}\{a+\theta(x-a)\}}{n!}(x-a)^n$$

となるので

$$\lim_{x\to a}\frac{f(x)}{\varphi(x)}=\lim_{x\to a}\frac{f^{(n)}\{a+\theta(x-a)\}}{\varphi^{(n)}\{a+\theta(x-a)\}}=\frac{f^{(n)}(a)}{\varphi^{(n)}(a)} \quad (2\cdot 24)$$

拡張されたロピタルの定理 によって極限値が求められる．これを**拡張されたロピタルの定理**と称しておこう．

次に，この極限値を判定する方法を説明しよう．テイラーの定理によると

$$\frac{f(x)}{\varphi(x)}=\frac{f(a)+\dfrac{f'(a)}{1!}(x-a)+\dfrac{f''(a)}{2!}(x-a)^2+\cdots\cdots}{\varphi(a)+\dfrac{\varphi'(a)}{1!}(x-a)+\dfrac{\varphi''(a)}{2!}(x-a)^2+\cdots\cdots}$$

となる．ここで$f(a)$, $f'(a)$, $f''(a)$, $\cdots$が0で，$f^{(p)}(a)$で始めて0でないとし，同様に$\varphi(a)$, $\varphi'(a)$, $\varphi''(a)$, $\cdots$が0で，$\varphi^{(q)}(a)$で始めて0でないとすると，

$$\frac{f(x)}{\varphi(x)}=\frac{\dfrac{f^{(p)}(a)}{p!}(x-a)^p+\cdots\cdots}{\dfrac{\varphi^{(q)}(a)}{q!}(x-a)^q+\cdots\cdots}=\frac{q!}{p!}\frac{f^{(p)}(a)}{\varphi^{(q)}(a)}(x-a)^{p-q}+\cdots\cdots$$

というようになる．ここで$x\to a$として$\lim_{x\to a}[f(x)/\varphi(x)]$を判定することができる．すなわち，

(1) $p>q$のとき； $\displaystyle\lim_{x\to a}\frac{f(x)}{\varphi(x)}=0$

―25―

2 平均値の定理とその応用

(2) $p > q$ のとき； $\lim_{x \to a} \left| \dfrac{f(x)}{\varphi(x)} \right| = \infty$

(3) $p = q$ のとき； $\lim_{x \to a} \dfrac{f(x)}{\varphi(x)} = \dfrac{f^{(p)}(a)}{\varphi^{(q)}(a)}$

ロピタルの定理　この(1)の場合は無限小 $(x-a)$ の何乗かになって0となり、(2)の場合はその逆数で無限大になり、ロピタルの定理は、この(3)の場合である。もちろん(1)の0も(2)の∞も極限値であって、極限値としては有限な数はもとより、この0や∞も含んでいる。

なお、ここで注意しておきたいことはロピタルの定理は

(1) $\lim_{x \to a} \dfrac{f(x)}{\varphi(x)}$ が不定形（$\dfrac{0}{0}$ または $\dfrac{\infty}{\infty}$）にならないとき

(2) $\lim_{x \to a} \dfrac{f(x)}{\varphi(x)} = \lim_{x \to a} \dfrac{f^{(n)}(x)}{\varphi^{(n)}(x)}$

の右辺に極限値のないときは成立しない。

次に $f(a)$, $\varphi(a)$ が共に0であり、かつ $f'(a)$, $\varphi'(a)$ も0で、極限値が $f''(a)$ と $\varphi''(a)$ の比で求められる場合の1例を図解してみる。図2·11はこれを図示したもので、$x = a$ のP点では $f(a)$, $\varphi(a)$ に共に0で、P点はX軸上にあって、このP点に引いた両曲線への接線はX軸と平行になり、$f'(a)$, $\varphi'(a)$ は共に0である。

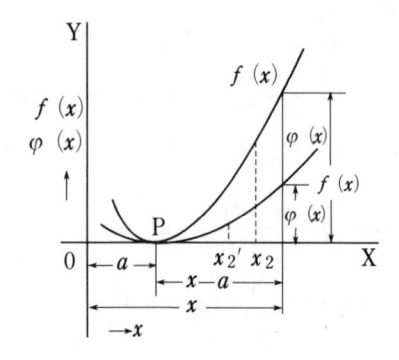

図2·11　拡張されたロピタルの定理

さて、平均値の定理によると、$x = a$ に接近して x をとったとき

$$f(x) = f(a) + (x-a)f'(a) + \dfrac{1}{2}(x-a)^2 f''(x_2)$$

$$\varphi(x) = \varphi(a) + (x-a)\varphi'(a) + \dfrac{1}{2}(x-a)^2 \varphi''(x_2')$$

となる。この x_2, x_2' は何れも区間 (a, x) 内にあって、$f(a)$, $f'(a)$, $\varphi(a)$, $\varphi'(a)$ は共に0で、x をかぎりなく a に近づけると x_2, x_2' は限りなく a に近づき、x より早く a に近づくので、$x \to a$ では

$$f(x) = \dfrac{1}{2}(x-a)^2 f''(a), \qquad \varphi(x) = \dfrac{1}{2}(x-a)^2 \varphi''(a)$$

2・6 ロピタルの定理の拡張と応用

$$\therefore \lim_{x \to a} \frac{f(x)}{\varphi(x)} = \frac{f''(a)}{\varphi''(a)}$$

となる．また，上式より $x=a$ での第2次導関数は

$$f''(a) = \lim_{x \to a} \frac{2f(x)}{(x-a)^2}, \qquad \varphi''(a) = \lim_{x \to a} \frac{2\varphi(x)}{(x-a)^2}$$

となり，前図より明らかなように，これは第2次導関数の幾何学的な意義をあらわしている．

上記では不定形が(0/0)の形をとる場合におけるロピタルの定理について述べたが，その他の形をとる場合も，次のようにロピタルの定理が適用できる形に直して極限値を求める．

∞/∞の形

[∞/∞の形]

ロピタルの定理

前記のロピタルの定理では，$\lim_{x \to a} f(x) = 0$，$\lim_{x \to a} \varphi(x) = 0$ であったが，$\lim_{x \to a} f(x) = \infty$，$\lim_{x \to a} \varphi(x) = \infty$ の場合も，ロピタルの定理をそのまま用いてよい．その理由はこの場合を，

$$\lim_{x \to a} \frac{f(x)}{\varphi(x)} = \lim_{x \to a} \frac{\dfrac{1}{\varphi(x)}}{\dfrac{1}{f(x)}}$$

とおくと，(0/0) の形となってロピタルの定理が適用できるので，

$$\lim_{x \to a} \frac{f(x)}{\varphi(x)} = \lim_{x \to a} \frac{\dfrac{d}{dx}\left(\dfrac{1}{\varphi(x)}\right)}{\dfrac{d}{dx}\left(\dfrac{1}{f(x)}\right)} = \lim_{x \to a} \frac{\dfrac{-\varphi'(x)}{\{\varphi(x)\}^2}}{\dfrac{-f'(x)}{\{f(x)\}^2}} = \lim_{x \to a} \left[\left\{\frac{f(x)}{\varphi(x)}\right\}^2 \frac{\varphi'(x)}{f'(x)}\right]$$

となるが $f(x)/\varphi(x)$ の極限値が0でないとして，これで上式の両辺を除すと，

$$1 = \lim_{x \to a}\left\{\frac{f(x)}{\varphi(x)} \cdot \frac{\varphi'(x)}{f'(x)}\right\}, \qquad \therefore \lim_{x \to a} \frac{f(x)}{\varphi(x)} = \lim_{x \to a} \frac{f'(x)}{\varphi'(x)}$$

ロピタルの定理

というように (∞/∞) の場合の極限値もロピタルの定理によって求められる．

また，$f(x)/\varphi(x)$ の極限値が0になるときは両辺に1を加えて

$$\lim_{x \to a} \frac{f(x)}{\varphi(x)} = 0, \quad \lim_{x \to a}\left\{\frac{f(x)}{\varphi(x)} + 1\right\} = 1, \quad \lim_{x \to a}\left\{\frac{f(x) + \varphi(x)}{\varphi(x)}\right\} = 1$$

この式を見ると，$\varphi(x) \to \infty$ とすると $f(x) + \varphi(x)$ もまた∞となり，上述の関係を用いると，その極限値は分母子の導関数の極限値をとればよく

$$\lim_{x \to a}\left\{\frac{f(x) + \varphi(x)}{\varphi(x)}\right\} = \lim_{x \to a}\left\{\frac{f'(x) + \varphi'(x)}{\varphi'(x)}\right\}$$

$$\lim_{x \to a}\left(\frac{f(x)}{\varphi(x)} + 1\right) = \lim_{x \to a}\left(\frac{f'(x)}{\varphi'(x)} + 1\right)$$

$$\therefore \lim_{x \to a} \frac{f(x)}{\varphi(x)} = \lim_{x \to a} \frac{f'(x)}{\varphi'(x)}$$

となるので $\frac{f(x)}{\varphi(x)} \neq 0$ のときも $\frac{f(x)}{\varphi(x)} = 0$ のときも共にロピタルの定理によって極限値が求められる．

なお，前述来，一般に，$x \to a$ の a は 0 を含む有限の値として取扱ったが，$x \to \pm\infty$ の場合には，$z = 1/x$ として扱うと，$x \to \infty$ で $z \to 0$ となり，ロピタルの定理より

$$\lim_{x \to \pm\infty} \frac{f(x)}{\varphi(x)} = \lim_{z \to 0} \frac{f\left(\frac{1}{z}\right)}{\varphi\left(\frac{1}{z}\right)} = \lim_{z \to 0} \frac{\frac{d}{dz}f\left(\frac{1}{z}\right)}{\frac{d}{dz}\varphi\left(\frac{1}{z}\right)} = \lim_{z \to 0} \frac{-\frac{1}{z^2}f'\left(\frac{1}{z}\right)}{-\frac{1}{z^2}\varphi'\left(\frac{1}{z}\right)}$$

$$= \lim_{z \to 0} \frac{f'\left(\frac{1}{z}\right)}{\varphi'\left(\frac{1}{z}\right)} = \lim_{x \to \pm\infty} \frac{f'(x)}{\varphi'(x)}$$

ただし，$\dfrac{d}{dz}f\left(\dfrac{1}{z}\right) = \dfrac{df(1/z)}{d(1/z)} \dfrac{d(1/z)}{dz} = f'\left(\dfrac{1}{z}\right)\dfrac{-1}{z^2}$

となって，$x \to \pm\infty$ の場合にもロピタルの定理の適用されることがわかる．例えば

〔例1〕 $\displaystyle \lim_{x \to \infty} \frac{cx^2}{a + bx^2} = \lim_{x \to \infty} \frac{2cx}{2bx} = \lim_{x \to \infty} \frac{c}{b} = \frac{c}{b}$

〔例2〕 $\displaystyle \lim_{x \to \infty} \frac{a + 3bx^{\frac{2}{3}}}{1 - c\varepsilon^x} = \lim_{x \to \infty} \frac{2bx^{-\frac{1}{3}}}{-c\varepsilon^x} = \lim_{x \to \infty} \frac{2b}{-c\varepsilon^x x^{\frac{1}{3}}} = -\frac{2b}{\infty} = 0$

0×∞の形

[0×∞の形]

いま，$\displaystyle \lim_{x \to a} f(x) = 0$, $\displaystyle \lim_{x \to a} \varphi(x) = \infty$ とすると

$$\lim_{x \to a} f(x) \cdot \varphi(x) = \lim_{x \to a} \frac{f(x)}{\dfrac{1}{\varphi(x)}}$$

ロピタルの定理

と書直すと $(0/0)$ の形になり，これにロピタルの定理を用いると

$$\lim_{x \to a} f(x) \cdot \varphi(x) = \lim_{x \to a} \frac{f'(x)}{\dfrac{-\varphi'(x)}{\{\varphi(x)\}^2}}$$

として求められる．例えば

〔例1〕 $\displaystyle \lim_{x \to 0} x \cdot \cot x = \lim_{x \to 0} \frac{x}{\dfrac{1}{\cot x}} = \lim_{x \to 0} \frac{x}{\tan x} = \lim_{x \to 0} \frac{1}{\sec^2 x} = \frac{1}{1^2} = 1$

〔例2〕 $\displaystyle \lim_{x \to 0} \sin x \cdot \log x = \lim_{x \to 0} \frac{\log x}{\operatorname{cosec} x} = \lim_{x \to 0} \frac{\dfrac{1}{x}}{-\dfrac{\cos x}{\sin^2 x}} = \lim_{x \to 0} \left(-\frac{\sin^2 x}{x \cos x}\right)$

$$= \lim_{x \to 0}\left(-\frac{2\sin x \cos x}{\cos x - x \sin x}\right) = -\frac{0}{1} = 0$$

ただし，右へ4項目の $f'(0)/\varphi'(0)$ では $(0/0)$ になるので，$f''(x)$, $\varphi''(x)$ を求めて5項目のようにして極限値が求められた．

∞−∞の形

[∞−∞の形]

いま，$\lim_{x \to a} f(x) = \infty$, $\lim_{x \to a} \varphi(x) = \infty$ とすると

$$\lim_{x \to a}\{f(x) - \varphi(x)\} = \lim_{x \to a}\left\{\frac{1}{\frac{1}{f(x)}} - \frac{1}{\frac{1}{\varphi(x)}}\right\} = \lim_{x \to a}\left\{\frac{\frac{1}{\varphi(x)} - \frac{1}{f(x)}}{\frac{1}{f(x)} \cdot \frac{1}{\varphi(x)}}\right\}$$

ロピタルの定理

と書直すと $(0/0)$ の形となるので，これにロピタルの定理を用いて，分母子の導関数を求めて $x \to a$ とおく．例えば

〔例1〕 $\lim_{x \to 0}\left(\dfrac{1}{\sin x} - \dfrac{1}{x}\right) = \lim_{x \to 0}\left(\dfrac{x - \sin x}{x \sin x}\right) = \lim_{x \to 0}\left(\dfrac{1 - \cos x}{\sin x + x \cos x}\right)$

$$= \lim_{x \to 0}\frac{\sin x}{2\cos x - x \sin x} = \frac{0}{2} = 0$$

ただし，$f'(0)/\varphi'(0) = 0/0$ で，$f''(x)/\varphi''(x)$ を求めた．

〔例2〕 $\lim_{x \to 0}\left\{\dfrac{1}{\log(1+x)} - \dfrac{1}{x}\right\} = \lim_{x \to 0}\dfrac{x - \log(1+x)}{x \log(1+x)}$

$$= \lim_{x \to 0}\frac{1 - \dfrac{1}{1+x}}{\dfrac{x}{1+x} + \log(1+x)} = \lim_{x \to 0}\frac{x}{x + (1+x)\log(1+x)}$$

$$= \lim_{x \to 0}\frac{1}{1 + 1 + \log(1+x)} = \frac{1}{2+0} = \frac{1}{2}$$

0^0, ∞^0, 1^∞ の形

[0^0, ∞^0, 1^∞ の形]

これらの場合を $y = f(x)^{\varphi(x)}$ の形であらわすと，$x \to a$ で下表のようになる．この両辺の対数をとって，極限値を求めると

$$\lim_{x \to a} \log y = \lim_{x \to a}\{\varphi(x) \log f(x)\} = \lim_{x \to a}\frac{\log f(x)}{\dfrac{1}{\varphi(x)}} \tag{2.25}$$

y	$f(a)$	$\varphi(a)$
0^0	0	0
∞^0	∞	0
1^∞	1	∞

ロピタルの定理 | という形になる．これにロピタルの定理を用いて，その極限値を求めて，その値が k になったとすると

$$\lim_{x \to a} \log y = k \quad \therefore \quad \lim_{x \to a} y = \varepsilon^k \tag{2.26}$$

となる．例えば

〔例1〕 $\lim_{x \to 0} x^x$ ；これは 0^0 の形になり，$y = x^x$ とおくと

$$\lim_{x \to 0} \log y = \lim_{x \to 0} (x \log x) = \lim_{x \to 0} \frac{\log x}{\frac{1}{x}} = \lim_{x \to 0} \frac{\frac{1}{x}}{-\frac{1}{x^2}} = \lim_{x \to 0} (-x) = 0$$

したがって，

$$\lim_{x \to 0} \log y = 0, \quad \lim_{x \to 0} y = \varepsilon^0 = 1$$

〔例2〕 $\lim_{x \to 0} (\cot x)^x$ ；これは ∞^0 の形になり，$y = (\cot x)^x$ とおいて，両辺の対数をとって極限値を求めると，

$$\lim_{x \to 0} \log y = \lim_{x \to 0} (x \log \cot x) = \lim_{x \to 0} \frac{\log \cot x}{\frac{1}{x}} = \lim_{x \to 0} \frac{-\csc^2 x \tan x}{-\frac{1}{x^2}}$$

$$= \lim_{x \to 0} \left(\frac{x}{\sin x}\right)^2 \tan x = 1^2 \times 0 = 0$$

ただし，$\lim_{x \to 0} \frac{x}{\sin x} = \lim_{x \to 0} \frac{1}{\cos x} = \frac{1}{1} = 1$

$$\lim_{x \to 0} \log y = 0, \quad \therefore \quad \lim_{x \to 0} y = \varepsilon^0 = 1$$

〔例3〕 $\lim_{x \to \infty} \left(1 + \frac{1}{x}\right)^x$ ；これは 1^∞ の形になる．

いま，この $y = (1 + 1/x)^x$ で $z = 1/x$ とおくと，$x \to \infty$ で $z \to 0$ になり

$$\lim_{x \to \infty} \left(1 + \frac{1}{x}\right)^x = \lim_{z \to 0} (1 + z)^{\frac{1}{z}} \to \lim_{z \to 0} y$$

となるので，両辺の対数をとって極限値を求めると

$$\lim_{z \to 0} \log y = \lim_{z \to 0} \frac{1}{z} \log(1 + z) = \lim_{z \to 0} \frac{\log(1 + z)}{z} = \lim_{z \to 0} \frac{\frac{1}{1+z}}{1} = 1$$

$$\therefore \quad \lim_{x \to \infty} y = \varepsilon^1 = \varepsilon$$

3 高次導関数とその応用の要点

逐次微分法
高次導関数

【1】逐次微分法と高次導関数

$y=f(x)$ を x について微分した $f'(x)$ をさらに x について微分して $f''(x)$ を得, さらに微分するというように逐次に導関数を求めることを**逐次微分法**といい, こうして求められた導関数を総称して**高次導関数**という. 既述したように n 次導関数 $f^{(n)}(x)$ は $f^{(n-1)}(x)$ の変化の状況をあらわしている.

(注): $n=1$ の dy/dx は微分商とも考えられ, dy/dx と dx/dy は逆算関係にあるが, $n≧2$ になると, 例えば $d\,2y/dx\,2$ は単に2次の微係数を示す記号になって微分商の意味はなくなるので逆算関係は成立しない.

基本関数

【2】主要基本関数の高次導関数

その主なものを示すと次のようになる.

(1) $y=x^n$, $k<n$ とすると
$$y^{(k)}=n(n-1)(n-2)(n-3)\cdots\cdots(n-k+1)x^{n-k}$$
なお, $y^{(n)}=n!$, n 以上では 0 になる.

(2) $y=\sin x$, $y^{(n)}=\sin\left(x+\dfrac{n\pi}{2}\right)$

(3) $y=\cos x$, $y^{(n)}=\cos\left(x+\dfrac{n\pi}{2}\right)$

(4) $y=\sin^2 x$, $y^{(n)}=2^{(n-1)}\sin 2x+\left\{\dfrac{(n-1)\pi}{2}\right\}$

(5) $y=\varepsilon^x$, $y^{(n)}=\varepsilon^x$

(6) $y=a^x$, $y^{(n)}=a^x(\log a)^n$ $(a>0, a\neq 1)$

(7) $y=x\varepsilon^x$, $y^{(n)}=(n+x)\varepsilon^x$

(8) $y=\log x$, $y^{(n)}=(-1)^{n-1}(n-1)!\dfrac{1}{x^n}$

(9) $y=\log_a x$, $y^{(n)}=(-1)^{n-1}(n-1)!\dfrac{1}{x^n\log a}$

集合関数
n 次微係数

【3】集合関数の逐次微分

(1) いくつかの関数の和(差)の n 次微係数は, それぞれの関数について n 次微係数を求めて, その和または差をとる.

ライプニッツの定理

(2) 関数の積 $y=uv$ ── 商は $y=uv^{-1}$ と考えられる ── を求めるには, 次のライプニッツの定理を用いる.

―31―

3 高次導関数とその応用の要点

$$\frac{d^n}{dx^n}(uv) = \frac{d^n u}{dx^n}v + \binom{n}{1}\frac{d^{n-1}u}{dx^{n-1}}\frac{dv}{dx} + \binom{n}{2}\frac{d^{n-2}u}{dx^{n-2}}\frac{d^2 v}{dx^2} + \cdots$$

$$\cdots + \binom{n}{k}\frac{d^{n-k}u}{dx^{n-k}}\frac{d^k v}{dx^k} + \cdots + u\frac{d^n v}{dx^n}$$

ただし

$$\binom{n}{k} = {}_nC_k = \frac{n!}{k!(n-k)!} = \frac{n(n-1)(n-2)\cdots(n-k+1)}{k!}$$

4 平均値の定理とその応用の要点

ロールの定理

【1】ロールの定理

$f(x)$ が区間 (a, b) で連続で，至るところで微係数を有し，区間 (a, b) の両端で関数値が相等しく $f(a) = f(b)$ であると，この区間内には $f(x)$ を0とする点 —— すなわち $a < x_0 < b$ なる点で $f(x_0) = 0$ とする点 —— が少なくとも一つは存在する．

ラグランジュの
平均値の定理

【2】ラグランジュの平均値の定理

変数 x の関数 $f(x)$ の導関数 $f'(x)$ が有限連続で，かつ $x = a$, $x = b$ がその変域内の2数であるとき，a と b の間には

$$\frac{f(b)-f(a)}{b-a} = \frac{f(b)-f(a)}{h} = f'(x_1)$$

となるような x_1 が少なくとも一つは存在する．また，上記で $b = a + h$ とし，a を x と書きかえると

$$f(x+h) = f(x) + hf'(x+\theta h). \qquad ただし 0 < \theta < 1$$

なる関係式が成立する．

コーシの平均値
の定理

【3】コーシの平均値の定理

変数 x に関する二つの関数 $f(x)$, $\varphi(x)$ の導関数 $f'(x)$ および $\varphi'(x)$ が x のある変域内で有限連続であり，a と b がその変域内の2点であって，$a < x_1 < b$ で $\varphi'(x_1) \neq 0$ であると

$$\frac{f(b)-f(a)}{\varphi(b)-\varphi(a)} = \frac{f'(x_1)}{\varphi'(x_1)}$$

となるような x_1 は少なくとも一つは存在する．

ロピタルの定理

【4】ロピタルの定理

不定形を解く場合に用いるロピタルの定理はコーシの平均値の定理より導かれ

$$\lim_{x \to a} \frac{f(x)-f(a)}{\varphi(x)-\varphi(a)} = \lim_{x \to a} \frac{f'(x)}{\varphi'(x)} = \frac{f'(a)}{\varphi'(a)}$$

のようになるが，なお拡張されたロピタルの定理は次式のようになる．

$$\lim_{x \to a} \frac{f(x)}{\varphi(x)} = \lim_{x \to a} \frac{f^{(n)}\{a+\theta(x-a)\}}{\varphi^{(n)}\{a+\theta(x-a)\}} = \frac{f^{(n)}(a)}{\varphi^{(n)}(a)}$$

[不定形の判別式]

上記で $f(a), f'(a), f''(a), \cdots$ が0で，$f^{(p)}(a)$ で始めて0でないとし，同様に $\varphi(a), \varphi'(a), \varphi''(a) \cdots$ が0で，$\varphi^{(q)}(a)$ で始めて0でないとすると，

$$\frac{f(x)}{\varphi(x)} = \frac{q!}{p!} \frac{f^{(p)}(a)}{\varphi^{(q)}(a)} (x-a)^{p-q} + \cdots$$

となり，ここで $x \to a$ として $\lim_{x \to a} f(x)/\varphi(x)$ が下記のように判定される．

(1) $p > q$ のとき $\lim_{x \to a} \dfrac{f(x)}{\varphi(x)} = 0$

(2) $p < q$ 〃 $\lim_{x \to a} \left| \dfrac{f(x)}{\varphi(x)} \right| = \infty$

(3) $p = q$ 〃 $\lim_{x \to a} \dfrac{f(x)}{\varphi(x)} = \dfrac{f^{(p)}(a)}{\varphi^{(q)}(a)}$

なお，∞/∞，$0 \times \infty$，$\infty - \infty$ その他の形の場合もロピタルの定理が適用できる．ただし，$f(x)/\varphi(x)$ が不定形（0/0 とか ∞/∞）にならないとき，極限値を有さない場合は適用できない．

平均値の定理

【5】平均値の定理の応用

$f(x+h)$ の近似値　$f(x+h) \fallingdotseq f(x) + hf'(x)$

誤差の近似式　$\Delta y \fallingdotseq \Delta x f'(x_1)$

テイラーの定理 第n次平均値定理

【6】テイラーの定理

これは第 n 次平均値定理ともいうべきもので，収束性をもった関数は次式のように級数に展開できることをあらわしたものである．

$$f(b) = f(a) + \frac{f'(a)}{1!}(b-a) + \frac{f''(a)}{2!}(b-a)^2 + \cdots\cdots + \frac{f^{(n)}(x_n)}{n!}(b-a)^n$$

$$f(x+h) = f(x) + \frac{f'(x)}{1!}h + \frac{f''(x)}{2!}h^2 + \cdots + \frac{f^{(n)}(x+\theta h)}{n!}h^n$$

$$f(x) = f(0) + \frac{f'(0)}{1!}x + \frac{f''(0)}{2!}x^2 + \cdots\cdots + \frac{f^{(n)}(\theta x)}{n!}x^n$$

ただし，$0 < \theta < 1$

関数の級数展開

【7】関数の級数展開と近似値

テイラーの定理によって関数を級数の形に展開して，その近似値などが求められる．その例を示すと次のようになる．

(1) $(1 \pm x)^m = 1 \pm \binom{m}{1}x + \binom{m}{2}x^2 + \cdots \pm \binom{m}{n}x^n + \cdots\cdots$

二項級数

これを**二項級数**ともいい，その係数（二項係数）は前にも示したように

$$\binom{m}{n} = \frac{m(m-1)\cdots(m-n+1)}{n!}$$

となり，この展開は $-1 < x < 1$ におけるすべての x について成立する．なお

$$(1\pm x)^{-1} = 1 \pm x + x^2 \pm x^3 + \cdots\cdots,$$

$$(1+x)^{\frac{1}{2}} = 1 + \frac{1}{2}x - \frac{1}{8}x^2 + \frac{1}{16}x^3 \cdots\cdots$$

$$(1+x)^{-\frac{1}{2}} = 1 - \frac{1}{2}x + \frac{3}{8}x^2 - \frac{5}{16}x^3 + \cdots\cdots$$

$$(1+x)^{-\frac{3}{2}} = 1 - \frac{3}{2}x + \frac{15}{8}x^2 - \frac{35}{16}x^3 + \cdots\cdots$$

(2) $\varepsilon^x = 1 + \dfrac{x}{1!} + \dfrac{x^2}{2!} + \cdots\cdots + \dfrac{x^{k-1}}{(k-1)!} + \cdots\cdots$

(3) $\log(1+x) = x - \dfrac{x^2}{2} + \dfrac{x^3}{3} - \cdots\cdots (-1)^{k-1}\dfrac{x^k}{k}\cdots\cdots$ $\qquad (-1 < x \leqq 1)$

(4) $\log x = (x-1) - \dfrac{(x-1)^2}{2} + \dfrac{(x-1)^3}{3} - \cdots(-1)^{k-1}\dfrac{(x-1)^k}{k}\cdots\cdots$ $\qquad (0 < x \leqq 2)$

(5) $\sin x = x - \dfrac{x^3}{3!} + \dfrac{x^5}{5!} - \cdots\cdots(-1)^k\dfrac{x^{2k+1}}{(2k+1)}\cdots\cdots$

(6) $\cos x = 1 - \dfrac{x^2}{2!} + \dfrac{x^4}{4!} - \cdots\cdots(-1)^k\dfrac{x^{2k}}{(2k)!}\cdots\cdots$

(7) $\tan x = x + \dfrac{1}{3}x^3 + \dfrac{2}{15}x^5 + \cdots\cdots$

近似値としては上記の展開式の適当な項数をとる．

5 高次導関数の演習問題

[問題]

(1) $\dfrac{dx}{dy} = \sqrt{1-y^2}$ の2次微係数を求めよ．

(2) $y = \dfrac{1}{1-x^2}$ の n 次微係数を求めよ．

(3) $y = \cos x$ の n 次微係数を求めよ．

(4) $x = a(\theta - \sin\theta),\ y = a(1-\cos\theta)$ における2次微係数を求めよ．

(5) $x = a\cos\omega t,\ y = b\sin\omega t$ であるとき，その2次微係数を求めよ．

(6) $y = \log(\sin\omega t)$ の2次微係数を求めよ．

(7) $y = \dfrac{a\sin x}{\varepsilon^x}$ の n 次微係数を求めよ．

(8) $y = \varepsilon x \cos x$ であるとき，次式の成立することを証明せよ．

$$\dfrac{d^2 y}{dx^2} - 2\dfrac{dy}{dx} + 2y = 0$$

(9) $y = \sin(m\sin^{-1}x)$ であるとき次式の成立することを証明せよ．

$$(1-x^2)\dfrac{d^2 y}{dx^2} - x\dfrac{dy}{dx} + m^2 y = 0$$

(10) $y = \varepsilon^{-x}\cos x$ なるとき $\dfrac{d^4 y}{dx^4} + 4y = 0$ を証明せよ．

5 高次導関数の演習問題

[解答]

(1) $\dfrac{y}{\left(1-y^2\right)^2}$

(2) $\dfrac{n!}{2}\left\{\dfrac{1}{(1-x)^{n+1}}+\dfrac{(-1)^n}{(1+x)^{n+1}}\right\}$

(3) $\cos\left(x+\dfrac{n\pi}{2}\right)$

(4) $-\dfrac{1}{a(1-\cos\theta)^2}$

(5) $-\dfrac{b}{a^2\sin^2\omega t}$

(6) $-\omega^2\operatorname{cosec}^2\omega t$

(7) $\varepsilon^{-x}a\sin x$ とおいて，ライプニッツの定理を用いる．

$\varepsilon^{-x}\left[\sin\left(x+\dfrac{n\pi}{2}\right)-n\sin\left\{x+\dfrac{(n-1)\pi}{2}\right\}+\cdots\right.$

$\left.\cdots+(-1)^k\dfrac{n(n-1)\cdots(n-k+1)}{k!}\sin\left(x+\dfrac{k\pi}{2}\right)+\cdots\cdots+(-1)^n a\sin x\right]$

(8) 以下はそれぞれ下記の微分方程式の解となることを証明する．

6　平均値の定理の演習問題

[問題]

(1)　$y=f(x)$ が変域 (a, b) で連続で，$f'(x)$ が定数であるとき，$y=f(x)$ は直線をあらわすことを平均値の定理を用いて証明せよ．

(2)　$f(x)$ と $\varphi(x)$ とが $x=a$ および $x=b$ のとき相等しいと，a と b との間にある値 x_1 について，$f'(x_1)=\varphi'(x_1)$ となることを証明せよ．

(3)　2·5 でテイラーの定理を用いて $\sin x$，ε^x，$\log(1+x)$ などの関数を級数の形に展開した要領で下記の関数の展開の正しいことを証明せよ．

(a)　$(1 \pm x)^n = 1 \pm \dfrac{n}{1!}x + \dfrac{n(n-1)}{2!}x^2 \pm \cdots$

$\cdots + (-1)^k \dfrac{n(n-1)\cdots(n-k+1)}{k!}x^k + \cdots\cdots$

(b)　$a^x = 1 + \dfrac{x\log a}{1!} + \dfrac{x^2(\log a)^2}{2!} + \cdots\cdots + \dfrac{x^n(\log a)^n}{n!} + \cdots\cdots$

(c)　$\log x = (x-1) - \dfrac{1}{2}(x-1)^2 + \dfrac{1}{3}(x-1)^3 \cdots\cdots$

ただし，(a) では $|x|<1$，(b) では $a>0$, $a \neq 1$，(c) では $0<x \leqq 2$ とする．

(4)　次の極限値を求めよ．

(a)　$\displaystyle\lim_{x \to 0} \dfrac{\sin x}{x}$

(b)　$\displaystyle\lim_{x \to 0} \dfrac{\varepsilon^x - 1}{x}$

(c)　$\displaystyle\lim_{x \to 0} \dfrac{\log(1+x)}{x}$

(d)　$\displaystyle\lim_{x \to 0} \dfrac{x - \sin x}{x^3}$

(e)　$\displaystyle\lim_{x \to 1} \dfrac{x^2 + x - 2}{x^2 - 1}$

(f)　$\displaystyle\lim_{x \to 0} \dfrac{\sqrt{1-(a+x)^2} - \sqrt{1-a^2}}{x}$

(g) $\displaystyle\lim_{x\to 1}\frac{\log x}{x-1}$

(h) $\displaystyle\lim_{x\to 0}\frac{\varepsilon^x - \varepsilon^{-x}}{\sin x}$

(i) $\displaystyle\lim_{x\to \pi/2}(\pi - 2x)\tan x$

(j) $\displaystyle\lim_{x\to 0}(1-\cos x)^{\sin x}$

(k) $\displaystyle\lim_{x\to 0}\left(\frac{1}{x}\right)^{\sin x}$

(l) $\displaystyle\lim_{x\to 0}(\cos 2x)^{1/x^2}$

(5) 次の近似値を求めよ．
    (a) $\sqrt[5]{258}$ (b) $\sin 62°$ (c) $\tan 31°$

(6) $|x|$ の値がきわめて小さいときは，次の近似式の成立することを証明せよ．

  (a) $\sqrt{1-x^2} \fallingdotseq 1 - \dfrac{x^2}{2} - \dfrac{x^4}{8}$

  (b) $\cos x \fallingdotseq 1 - \dfrac{x^2}{2} + \dfrac{x^4}{24}$

  (c) $\tan x \fallingdotseq x + \dfrac{x^3}{3} + \dfrac{2x^5}{15}$

  (d) $\sin^2 x \fallingdotseq x^2 - \dfrac{x^4}{3}$

  (e) $\varepsilon^x \sin x \fallingdotseq x + x^2 + \dfrac{x^3}{3}$

[解答]
(1) $f'(x_1) = k$ とおいて導く．
(2) コーシーの定理で $f(a) = \varphi(a)$ および $f(b) = \varphi(b)$ とおいて証明する．
(4) (a) 1, (b) 1, (c) 1, (d) $f'''(x), \varphi'''(x)$ を求める．1/6, (e) 1.5,
    (f) $-a/\sqrt{1-a^2}$, (g) 1, (h) 2, (i) $-1/2$, (j) 1, (k) 1, (l) $1/\varepsilon^2$
(5) (a) 3.185, (b) 0.883, (c) 0.6007
(6) いずれもテイラーの展開式を用いる．ただし (d) は $\sin^2 x = (1/2) - (1/2)\cos 2x$ として展開する．

索引

英字

- 0^0, ∞^0, 1^∞ の形 29
- $0 \times \infty$ の形 28
- n 次微係数 2, 31
- ∞/∞ の形 27
- $\infty - \infty$ の形 29

カ行

- 拡張されたロピタルの定理 25
- 関数の級数展開 34
- 関数の展開 5
- 関数値の誤差 17
- 基本関数 31
- コーシの平均値の定理 14, 33
- 誤差の近似式 17
- 高次導関数 1, 2, 31
- 高次微係数 2
- 高次平均値の定理 18

サ行

- 集合関数 31

タ行

- 第2次導関数 1
- 第3次導関数 2
- 第n次導関数 2
- 第n次平均値定理 20, 34
- 逐次微分法 2, 5, 31
- テイラーの級数 22
- テイラーの定理 18, 20, 22, 34

ナ行

- 二項級数 34
- 二項定理 7

ハ行

- 不定形 15
- 平均値の定理 12, 34
- 平均変化率 12, 13

マ行

- マクローリンの定理 18

ラ行

- ライプニッツの定理 7, 31
- ラグランジュの剰余 21
- ラグランジュの定理 12
- ラグランジュの平均値の定理 33
- ロールの定理 10, 12, 33
- ロピタルの定理 15, 26, 27, 28, 29, 30, 33
- ロピタルの定理の拡張 25

d - book
高次導関数と平均値の定理・その応用

2000年8月20日　第1版第1刷発行

著　者　　田中久四郎
発行者　　田中久米四郎
発行所　　株式会社電気書院
　　　　　東京都渋谷区富ケ谷二丁目2-17
　　　　　（〒151-0063）
　　　　　電話03-3481-5101（代表）
　　　　　FAX03-3481-5414
制　作　　久美株式会社
　　　　　京都市中京区新町通り錦小路上ル
　　　　　（〒604-8214）
　　　　　電話075-251-7121（代表）
　　　　　FAX075-251-7133

印刷所　　創栄印刷株式会社
ⓒ2000HisasiroTanaka　　　　　　　Printed in Japan
ISBN4-485-42918-0　　　　　　［乱丁・落丁本はお取り替えいたします］

〈日本複写権センター非委託出版物〉

　本書の無断複写は，著作権法上での例外を除き，禁じられています．
　本書は，日本複写権センターへ複写権の委託をしておりません．
　本書を複写される場合は，すでに日本複写権センターと包括契約をされている方も，電気書院京都支社（075-221-7881）複写係へご連絡いただき，当社の許諾を得て下さい．